国 家 级 精 品 课 程 配 套 教 材

普 通 高 等 教 育 "十 二 五" 规 划 教 材

水污染控制工程
实验教学指导书

成官文　主编

黄翔峰　朱宗强　梁凌　副主编

化 学 工 业 出 版 社

·北京·

内 容 提 要

本书是普通高等教育"十二五"规划教材,是编者在十余年"水污染控制工程"本科教学研究基础上编写的。本书的编写重视经典理论的传承和新技术、新工艺的引进,实验包含化学絮凝沉淀、MAP 法同时去除氮磷、活性炭吸附有机物、沸石吸附氨氮、Fenton 试剂化学氧化、好氧生物处理、生物硝化反硝化、膜过滤等实验内容,兼顾了化学、物理、物理化学和生物化学的各种主要理论和工艺技术。

本书可作为高等院校环境工程等专业的实验教材,也可供相关领域的工作人员参考。

图书在版编目(CIP)数据

水污染控制工程实验教学指导书/成官文主编. —北京:
化学工业出版社,2013.2(2024.8重印)
国家级精品课程配套教材
普通高等教育"十二五"规划教材
ISBN 978-7-122-15864-2

Ⅰ.①水… Ⅱ.①成… Ⅲ.①水污染-污染控制-实验-
高等学校-教学参考资料 Ⅳ.①X520.6-33

中国版本图书馆 CIP 数据核字(2012)第 274854 号

责任编辑:满悦芝   文字编辑:荣世芳
责任校对:周梦华   装帧设计:尹琳琳

出版发行:化学工业出版社(北京市东城区青年湖南街 13 号 邮政编码 100011)
印   装:北京七彩京通数码快印有限公司印刷
787mm×1092mm 1/16 印张 8 字数 198 千字   2024 年 8 月北京第 1 版第 6 次印刷

购书咨询:010-64518888   售后服务:010-64518899
网   址:http://www.cip.com.cn
凡购买本书,如有缺损质量问题,本社销售中心负责调换。

定   价:35.00 元

前　言

　　近二十年来，我国水污染控制技术与工程无论在理论研究还是在工程应用方面都取得了长足的发展，脱氮除磷、高级氧化、深度处理、膜处理等新理论、新技术已广泛用于污（废）水处理中，其对应的城镇污水处理排放标准（如氮、磷）也大幅度提高。然而，我国水污染控制技术与工程的实验教学却仍然停留在20世纪中叶的实验教学内容上，基本是清一色的自由沉淀实验、成层沉淀实验、混凝沉淀实验、离子交换实验、活性污泥特性测定实验、污泥比阻测定实验、酸性废水过滤中和及吹脱实验、电解法处理含铬废水实验、折点加氯消毒实验、水的软化实验等，不仅重复了无机化学最为基础的酸碱中和、水软化、离子交换等化学教学实验，还存在折点加氯消毒、电解法处理含铬废水等与工程实际脱节、高耗能的实验内容，实验教学与新理论、新技术、新工艺、新设备、新标准不够接轨；实验教学方法基本为验证性、单因素实验，较少考虑多因素设计、多分析测试手段研究以及学校教学特色等方面的综合训练；实验教学理念、教学内容陈旧，且与理论教学和工程实际脱节，不利于水污染控制工程的理论学习、工程技术知识传授、"卓越工程师教育培养计划"实施和学生创新能力培养，改革、创新水污染控制工程实验教学已非常急迫。为此，编者编写了此实验指导书，以期在水污染控制工程实验教学方面做出一些积极的探索。

　　本书是编者在十余年"水污染控制工程"本科教学研究的基础上编写的。十余年来，本课程的教学经过了从系级重点课程、学校重点课程、学校精品课程、省（区）级重点课程、省（区）级精品建设课程到国家级精品建设课程的建设过程，积累了大量的教学资源和实践经验。本书编写重视经典理论的传承和新技术、新工艺的引进，实验包含化学絮凝沉淀、MAP法同时去除氮磷、活性炭吸附有机物、沸石吸附氨氮、Fenton试剂化学氧化、好氧生物处理、生物硝化与反硝化、膜过滤等实验内容，兼顾了化学、物理、物理化学和生物化学的各种主要理论和工艺技术，涉及了浊度、色度、COD、BOD、氨氮、硝酸氮、亚硝酸氮、总磷、MLSS、DO、pH、碱度等水污染控制工程常见分析项目及其仪器、设备的使用，标准曲线绘制、正交实验设计和多种研究方法、手段的应用，SV％、SVI、污泥负荷、硝化速率、反硝化速率、膜通量、吸附容量等重要工艺技术参数的测定等，基本涵盖了水污染控制工程的重要教学内容和工程技术要点，注重与新理论、新技术、新工艺、新标准的无缝衔接，多个实验都能给出基于不同学校实验条件、办学特色、当地水环境污染实际的多实验方案以供选择，以适应新时期环境工程专业本科教学改革以及学生创新能力培养的需要。

　　本书第一章由桂林理工大学成官文博士、教授编写，第二章由同济大学黄翔峰博士、教授编写，第三章由桂林理工大学朱宗强博士编写，第四章由桂林市环境保护局梁凌硕士编写，各实验指导书由桂林理工大学成官文博士、教授编写。全书由桂林理工大学成官文博士、教授负责统稿，桂林理工大学硕士研究生徐珊、王浩、徐子涵参与了全书的校核工作。

　　教材编写过程中，得到了桂林理工大学教材科和环境科学与工程学院的大力支持和帮助。

　　由于编者时间和水平有限，疏漏之处在所难免，敬请广大读者批评指正。

编　者

2013 年 1 月

目　录

第一章　水污染控制工程实验的
教学目的和要求

　　水污染控制工程是建立在水体自净作用、水处理试验研究与技术开发、水污染治理工程基础之上的学科。水环境污染成因剖析、污染防治机理探讨、污染治理技术开发、工艺技术参数确定、设备设计加工和操作运行管理都需要基于实验研究加以解决。例如，水处理中混凝沉淀或混凝气浮所用药剂种类的选择和生产运行条件的确定，较高氨氮浓度进水如垃圾渗滤液、畜禽废水的硝化和反硝化工艺参数的确定，化学除磷剂投加量及其投加位置的确定等，都需要通过实验测定才能较合理地进行工程设计。

　　水污染控制工程实验是环境工程学科的重要组成部分，是科研和工程技术人员解决各种水环境污染治理问题的一个重要手段。通过水污染控制工程实验研究，可以解决下述问题。

　　① 可以观察、发现有关水环境污染的科学现象，并通过研究和掌握水环境污染物在水体以及污水和废水中的稀释、扩散、迁移、转化、降解、吸附、沉淀等基本规律，为水环境保护和污染防治提供依据。

　　② 掌握水环境污染防治过程中污染物的去除原理、处理技术及其影响因素，不断发现新的科学现象，开发新的工艺技术，并逐步完善现有的水处理工艺技术及其工程设备。

　　③ 解决水污染治理技术开发中的工程放大问题、自动化控制问题，促进水污染控制工艺技术优化控制、水处理工程优化设计以及配套工程设备优化设计。

一、水污染控制工程实验的教学目的

　　实验教学是使学生理论联系实际，培养学生观察问题、综合所学知识分析问题和解决问题能力的一个重要环节。实验安排除一般验证性实验外，还应该包含部分具有综合性、设计性和探索性实验。

　　综合性实验是指综合所学知识或综合应用科学方法、实验手段以及科学技术，对学生进行知识综合应用能力、独立实践能力和分析解决问题能力训练与培养的实验。

　　设计性实验是指学生在教师的指导下，根据给定的实验目的和实验条件，独立设计实验方案、选择实验方法、确定实验器材、拟定实验操作程序，自己加以实现并对实验结果进行分析处理的实验。

　　探索性实验是指学生在导师指导下，在自己的研究领域或导师选定的学科方向，针对某一选定研究目标所进行的具有研究、探索性质的实验，是学生参加科学研究或实践的一种重要形式。探索性实验需要结合水污染防治的发展方向、学校的研究特色、导师的研究项目以及现有实验基础开展。

　　近年来，随着教学改革的不断深入和精品课程建设的不断推进，人们越来越意识到一般验证性实验的教学局限性，许多学校开设了一些综合性、设计性和探索性实验，并取得了较好的实验教学效果，有力地促进了水污染控制工程实验教学。

　　水污染控制工程的实验教学目的如下：

　　① 促进学生对水污染控制工程的基本概念、基本理论及主要工艺技术的理解和掌握。

　　② 使学生了解环境问题的提出、实验方案的设计和实验研究的开展，并初步掌握水污

染控制工程的实验研究方法及相关分析测试技术。

③ 初步掌握数据的基本处理，较为科学合理地分析和归纳实验数据，验证已有的概念和理论，或确定其工程应用价值。

总之，水污染控制工程实验在于推动和促进学生深入探究水环境污染及其控制的主要科学问题和基本理论问题，掌握实验研究的作用，理解科学研究及其工程应用的价值。

二、水污染控制工程实验的基本程序

1. 提出科学问题

结合水环境问题，提出打算验证的基本概念或需要探索研究的问题。

2. 设计实验方案

研究制定工艺技术路线，设计实验研究方案，明确实验目的、实验装置、实验步骤、测试项目和测试方法，确定实验必需的实验设备、分析仪器、工程技术、环保材料、药剂及工作人员等。

3. 实验研究

① 根据设计好的实验方案开展实验，并及时进行样品的采集、保存和分析测试。

② 对实验数据进行计算，获取实验结果。

③ 对实验结果进行分析讨论，并对污染成因、污染控制的作用机理或机制进行探讨。

在实验过程中，确保实验数据的可靠性以及及时整理十分重要。水样测定数据的精密度和准确度必须满足水污染控制分析测试的质量控制要求和相关分析测试标准的相应浓度范围。实验结束时，测试的水样要待实验数据处理后，并基本确定数据的可靠性以及实验结果接近或达到预期效果时才能处理，否则，测试水样需要妥善保存，以待重新分析，或检查实验设备、操作运行、测试方法和实验方案等是否存在问题，以便及时解决。切不可实验数据长时间放置，否则日后处理时发现实验过程或者分析测试有问题时，已无法弥补，只能重新进行实验。

4. 实验小结

实验是培养学生严谨的科学态度、踏实的工作作风的实践过程。学生通过实验，结合所学理论和知识，对实验数据进行系统分析和评价，对实验结果进行分析研究、机理探讨和潜在工程价值探索。小结的内容包括以下几个方面。

① 回答实验数据的可靠性如何。当实验数据出现不合理时，应分析其原因，提出新的实验方案。

② 解决了实验提出的哪些科学问题或验证了哪些科学原理、哪些水处理工艺技术。

③ 通过实验加深了哪些工艺技术或科学理论的理解和掌握，掌握了哪些新的知识和技术，获取了哪些认知和技能。

④ 实验结果是否可用于已有工艺设备、工艺运行条件或工艺技术的改进、完善。

三、水污染控制实验的教学要求

对于验证性教学实验，学生实验时应遵循下列要求。

（1）提前预习和准备

为开展实验研究，学生必须提前认真阅读实验教材，清楚地了解所开展实验项目的目的要求、实验原理和实验内容，熟悉实验所需分析测试项目的测试方法，了解实验有关注意事项，准备好实验记录表格。

（2）充分做好实验方案设计

实验设计是培养学生综合利用所学知识和技能独立分析和解决水污染防治问题实际能力的重要环节，是获取有效实验结果的基本保障。实验过程中，学生需要先基于实验内容和实验要求，并结合所学理论和知识设计实验方案，选择实验方法，确定实验器材，明确测试项目和分析方法，拟定实验操作程序，做好实验分工。

（3）严格按实验步骤操作

实验前应仔细检查实验设备、仪器仪表是否完好和正常。

实验时要严格按照操作规程操作，仔细观察实验现象，认真测试实验数据，并翔实填写实验记录。

实验结束后，要对实验室和实验设备进行清扫或清理，把仪器仪表恢复原状，填写相关使用记录。

（4）尽快进行数据处理和分析

实验结束后，必须尽快对实验数据进行统计处理，获取有效的实验结果，并进行科学、合理的分析，得出正确、可信的结论。

（5）认真编写实验报告

编写实验报告是训练和规范学生科学研究报告或文本书写必不可少的环节，它包括：

① 实验目的。

② 实验原理。

③ 实验设备及材料。

④ 实验步骤。

⑤ 实验数据整理。

⑥ 结果分析讨论。

对于综合性、设计性和探索性实验，除上述要求外，学生还必须结合自己的实验内容和要求，查阅有关书籍、文献资料，了解和掌握与本实验研究有关的国内外技术状况、发展动态，并在此基础上，根据实验课题要求和实验室条件，提出具体的实验方案，包括实验工艺技术路线、实验条件要求、实验设备及材料、实验步骤、实验进度安排等。综合性、设计性和探索性实验研究报告的内容应包括：

① 课题研究意义。

② 课题研究进展。

③ 实验研究方案。

④ 实验过程描述与实验结果分析讨论。

⑤ 实验结论与建议。

⑥ 参考文献等。

第二章 实 验 设 计

实验有物理的、化学的和生物的，有单因素的、双因素的和多因素的，有验证性的、析因性的、设计性的、探究性的等，实验条件、要求、目的各不相同，这就需要基于具体情况科学设计实验。

实验设计是一种针对具有普遍性的教学问题，构建具有教学理论特征的数学模型，并通过不断应用、评估、修正的渐近过程来探索实际问题的解决方案。具体地说，它是在理论框架和现实条件约束下，基于具体实验条件和要求、实验因素水平以及数理统计学规律，构建合理的实验方案，提高实验效率，缩小随机误差，并使实验结果利于有效统计分析的一种方法。

传统实验着重于学生验证、理解教学的若干现象和内容，实验多采用假设、验证的思路，且严格控制实验条件，实验缺乏启迪性和教育性，对工程或生产实际少有指导价值和科学价值。而设计性实验却不同，它具有两个并重的教学目标：构建解决实际问题的方案和理解并掌握相关专业理论及其应用。具体表现为通过实际教学环境和设计实验途径，促进学生综合利用所学知识，掌握实验研究手段，解决实际问题，培养综合能力。

实验设计重点在于探索专业理论和工程（或生产）实践中具有代表性的问题，强调理论构建和问题解决并重，关注科学方法和知识技能应用整合，积极鼓励师生尤其是不同学科、不同观点、不同思路学生的共同参与和协作配合，并不断对研究目标、研究方法和研究手段进行修正、完善，最终实现研究目标。因此，了解和掌握实验设计，并自始至终参与这一过程，对于在校学生以及环境专业工作者都具有现实意义。

第一节 实验设计简介

一、实验设计的目的

实验设计的目的是选择一种对所研究的特定问题最有效的实验安排，以便用最少的人力、物力和时间获得满足要求的实验结果。广义地说，它包括明确实验目的、确定测定参数、确定需要控制或改变的条件、选择实验方法和测试仪器、确定测量精度要求、实验方案设计和数据处理步骤等。科学合理的安排实验应做到以下几点。

① 实验次数尽可能少。

② 实验数据要便于分析和处理。

③ 通过实验结果的计算、分析和处理寻找出最优方案，以便确定进一步实验的方向。

④ 实验结果要令人满意、信服。

实验设计是实验研究过程的重要环节，通过实验设计，可以使我们的实验安排在最有效的范围内，以保证通过较少的实验步骤得到预期的实验结果。下面以生化需氧量（BOD）的测定分析说明。

生化需氧量（BOD）测定往往需要估计最终生化需氧量（BOD_u）和生化反应速率常数

k_1，完成这一实验需对 BOD 进行大量的、较长时间的（约 20 d）测定，既费时又费钱，此时如有较合理的实验设计就可能以较少的时间得到较正确的结果。从数学角度看，有机物的生化降解耗氧（BOD）是一级反应模型（图 2-1），实验曲线的起点变化较快，而后期的变化很小，如果实验设计按时间均匀取样，则会出现曲线中段的拐点难以确定，曲线后端很少变化，设计再多实验点意义也不大。从微生物学角度看（图 2-2），微生物降解有机物的速率与底物浓度有关，有机物浓度越低，其一级反应的比降解速率或斜率越大，曲线起始段的变化越快，其实验设计的取样密度应越大。相反，如果有机物浓度很高，有机物降解速率达到最高，当比降解速率为零（即零级反应），此时将取样点安排得较稀疏为宜。从水污染控制工程角度

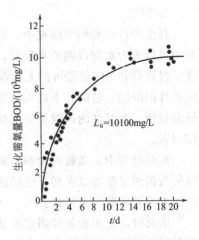

图 2-1　有机物的生化降解曲线

看（图 2-3），生化需氧量（BODu）的变化既与水质类型有关，如生活污水和工业废水；也与水质浓度高低、是否含有有毒有害组分、实验进水稀释倍数以及实验微生物是否接种驯化有关。图中曲线 A 为生活污水的 BOD 曲线，曲线 B 为驯化较慢的工业废水 BOD 曲线，曲线 C 为未接种驯化的工业废水 BOD 曲线，曲线 D 为未经驯化或含有有毒有害物质废水的 BOD 曲线。这一实例说明，实验过程中必须充分了解水质情况，掌握相关的理论知识，熟悉相关研究进展，科学设计实验方案，才能使实验测试次数精简，使实验工作量显著减少，并把实验误差控制在一定范围内。如果实验点设计不好（如均匀布置取样点或接种微生物未经驯化等），实验就难以获得正确的结果而达不到预期目的。此外，即使实验观测的次数完全相同，如果实验点的安排不同，所得结果可能出现较大差距。因此，正确的实验设计不仅可以节省人力、物力和时间，并且是得到可信的实验结果的重要保证。

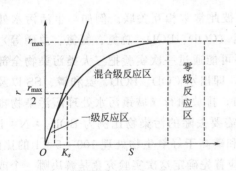

图 2-2　底物比降解速率与底物浓度的关系

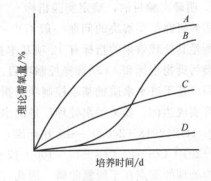

图 2-3　不同水样 BOD 随培养时间的变化曲线

二、实验设计的几个基本概念

1. 指标

在实验设计中用来衡量实验效果好坏所采用的标准称为实验指标，或简称指标。例如，在进行地表水和微污染水源水的混凝沉淀实验时，常常把反映或代表水中悬浮物（包括泥土、砂粒、细小颗粒状有机物和无机物、悬浮生物、微生物）和胶体物质多少的指标浊度作为评定悬浮物和胶体等污染物去除效果的标准，即浊度是混凝沉淀实验的指标。

2. 因素

在生产过程和科学研究中，对实验指标有影响的条件通常称为因素。有一类因素，在实验中可以人为地加以调节和控制，称为可控因素。例如，混凝沉淀实验中的源水污染物的浓度、投药量和 pH 值是可以人为调节的，属于可控因素。另一类因素，由于技术、设备和自然条件的限制，暂时还不能人为控制，称为不可控因素。例如，冬季地表水尤其是水库水的低温低浊、沉淀池的风浪等对沉淀效率的影响是不可控因素。实验方案设计一般只适用于可控因素。

实验过程中，实验的影响因素通常不止一个，由于时间、人力、物力的限制，我们不能对所有的因素都加以考察，已经比较清楚的因素可暂时不考察，对于未知的、可能比较重要的因素需要实验加以考察。

实验时，把实验条件固定在某一状态上，只考察一个因素变化带来影响的实验，称为单因素实验；同时考察两个因素影响的实验称为双因素实验；同时考察两个以上因素的实验称为多因素实验。

3. 水平

因素变化的各种状态称为因素的水平。某个因素在实验中需要考察它的几种状态，就称它是几水平的因素。因素在实验中所处状态（即水平）的变化，可能引起指标发生变化。例如，在污水生物硝化实验时要考察 3 个因素——水力停留时间、泥龄和污泥负荷，水力停留时间因素选择为 8h、10h、12h，这里的 8h、10h、12h 就是水力停留时间因素的 3 个水平。

因素的水平有的能定量表示，可以用数量表示水平的因素称为定量因素；有的则不能定量表示。例如，在采用不同混凝剂进行印染废水脱色实验时，要研究哪种混凝剂较好，在这里多种混凝剂数就表示混凝剂这个因素的各个水平。凡是不能用数量表示水平的因素，称为定性因素。对于定性因素，只要对每个水平规定具体含义，就可与定量因素一样对待。

三、实验设计的步骤

1. 明确实验目的，确定实验指标

实验研究需要解决的问题一般不止一个，且彼此常常相互关联。例如，生活污水处理时，衡量其处理效果的指标有 12 项基本控制项目（COD、BOD、总氮、氨氮、总磷等）、7 项一类污染物指标和 43 项选择控制项目。我们不可能通过一次实验把三大类污染物全部去除，而应基于进水水质把基本控制项目指标实现，即出水 COD、BOD、氨和磷、SS 以及微生物等实现达标。如某污水处理厂进出水见表 2-1，排放执行《城镇污水处理厂污染物排放标准》（GB18918—2002）一级 B 标准，则污水需要去除的污染物比例为 $BOD_5:N:P=(120-20):(25-8):(8-1)=100:17:7$，氮和磷高于好氧生物处理 100:5:1 的比例，故生物处理的重点在于脱氮除磷。因此，实验前应首先确定这次实验究竟是解决哪一个或者哪几个主要问题，然后确定相应的实验指标。

表 2-1　污水处理厂设计进、出水水质

项　目	pH	SS	BOD_5	CODCr	NH₃-N(TN)	TP
进水水质	6~8	160	120	300	25(33.3)	8.0
出水水质	6~9	≤20	≤20	≤60	≤8	≤1

2. 挑选因素

在明确实验目的和确定实验指标后，要分析研究影响实验指标的因素，从所有的影响因

素中排除那些影响不大或者已经掌握的因素，让它们固定在某一状态上，而对那些对实验指标可能有较大影响的因素进行考察。例如，在混凝沉淀实验时，确定了浊度作为最主要的指标后，紧接着需要解决的问题就是混凝沉淀的适宜投药量、适宜 pH 值、混凝沉淀的速度梯度、预处理和投药点位置等。我们不可能通过一次实验把这些问题都解决，需要把某些因素控制在一定状态上，如控制速度梯度和 pH 值，考察投药量与出水水质的关系，以此实验结果来评估药剂投加量这一因素对混凝沉淀工艺的影响。

3. 选定实验设计方法

实验设计的方法很多，有单因素实验设计、双因素实验设计、正交实验设计、析因分析实验设计、序贯实验设计等。各种实验设计方法的目的和出发点不同，在进行实验设计时，应根据研究对象的具体情况选择适宜的方法。例如，对于单因素问题应选用单因素实验设计法；三个以上因素的问题，可以用正交实验设计法；若要进行模型筛选或确定已知模型的参数估计，可采用序贯实验设计法。

4. 确定实验器材，明确测试项目和分析方法

一旦确定实验设计方案，实验所需设备、测试项目及其分析方法、所需仪器及试剂材料需要与之相互配套。为确保实验顺利进行，实验前需要到实验室核实所需设备、仪器是否处于正常状态，所需试剂材料是否齐备。

5. 拟定实验操作程序，做好实验分工

由于实验研究往往时间要求紧，且工作量较大。为确保实验研究的顺利进行，实验设计方案一旦确定，需要及时做好实验安排，包括操作程序、工作分工，使工作任务落实到人。

四、实验设计的应用

在生产和科学研究中，实验设计方法已得到广泛应用，主要应用如下。

① 基于理论或数学模型合理设计实验，确定参数变量及其变化范围等，以较少的实验次数或较短的实验时间获得较精确的实验结果。例如，利用磷酸铵镁法去除污泥浓缩上清液和污泥脱滤液中的磷和氨。磷酸铵镁法的化学反应如下：

$$Mg^{2+} + PO_4^{3-} + NH_4^+ + 6H_2O \Longleftrightarrow MgNH_4PO_4 \cdot 6H_2O \tag{2-1}$$

$$Mg^{2+} + HPO_4^{2-} + NH_4^+ + 6H_2O \Longleftrightarrow MgNH_4PO_4 \cdot 6H_2O + H^+ \tag{2-2}$$

$$Mg^{2+} + H_2PO_4^- + NH_4^+ + 6H_2O \Longleftrightarrow MgNH_4PO_4 \cdot 6H_2O + 2H^+ \tag{2-3}$$

其化学反应的溶度积常数为 $5.05 \times 10^{-14} \sim 4.36 \times 10^{-10}$，适宜 pH 值范围为 $7.5 \sim 9.0$（图 2-4），理论质量比 $n(PO_4^{3-}) : n(NH_4^+) : n(Mg^{2+})$ 为 $1 : 1 : 1$。实验过程中，其实验设计选择 pH $= 8 \sim 9$，并过量投加镁盐，其适宜镁盐投加量采用 $n(PO_4^{3-}) : n(NH_4^+) : n(Mg^{2+}) = 1 : 1 : (1.1 \sim 1.5)$。基于理论研究设计实验方案，能够较快获得适宜的实验结果。

又如，在物理化学吸附实验中，利用吸附等温模型研究的结果设计生产或实验研究过程。以某自来水厂有机物微污染水源水应急处理为例，其粉末活性炭对有机物的吸附符合 Freundlich 数学模型，其吸附等温线方程为 $q_e = 8.7640C^{0.9663}$，相关系数 0.9752，等温线常数 K 和 $1/n$ 分别为 8.7640 和 0.9663，等温线的 COD_{Mn} 范围为 $1.0 \sim 6.5 mg/L$。当自来水厂出现水源水有机污染时，如果其测定的进水 COD_{Mn} 浓度处于 $1.0 \sim 6.5 mg/L$ 范围内，就可以基于粉末活性炭吸附等温线公式，结合进水 COD_{Mn} 浓度计算粉末活性炭的理论投加量，后按 $120\% \sim 150\%$ 的理论投加量进行微污染水源水应急处理，进水 COD_{Mn} 浓度越高，其过

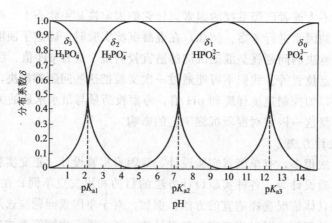

图 2-4　磷酸盐各种存在形式的分布系数与溶液 pH 值的关系曲线

量投加比例也越高。

② 基于实验研究、生产过程和需要设计实验。人们为了达到优质、高效、降耗等目的，常需把有关实验和生产的主要因素控制在适宜范围。这种适宜范围需要通过实验设计研究而得。如混凝剂是水污染控制常用的化学药剂，其投加量因水质污染类型、污染物浓度、共存物质、pH 值等具体情况不同而异。以某自来水厂水源水铅污染的应急处理为例，原水水温 8℃，COD_{Mn} 1.34～1.50mg/L，pH 值 7.66，浊度 2.0NTU 和色度 25，Pb^{2+} 0.05～0.10mg/L，需通过小试实验快速确定水厂现有技术条件下的处理方法，保证水厂供水水质。小试实验结合水厂现有工艺和技术，拟投加 3mg/L、5mg/L、7mg/L、9mg/L、11mg/L、13mg/L、15mg/L、17mg/L、19mg/L、21mg/L PAC，实验设计快速搅拌 30s、中速搅拌 270s、慢速搅拌 600s，后测定 30min，清水过 $0.45\mu m$ 滤膜，过滤后水样检测残余 Pb^{2+} 浓度、COD_{Mn}、浑浊度、色度、pH 值，其中铅实验结果见图 2-5。可见随着 PAC 投加量增加，对 Pb^{2+} 的去除率有较大幅度提高，但投加量高于 13mg/L 后，效果不明显，且出水 Pb^{2+} 均超过 0.01mg/L 的标准。究其原因，可能与 PAC 的絮凝沉淀不够密实有关。于是在原实验基础上，适度补充铁盐，改善絮凝沉淀效果。原水水质同前，Pb^{2+} 浓度为 0.10mg/L，混凝剂中 PAC 与氯化铁的质量之比为 6∶4，二者投加量为 15mg/L 时，Pb^{2+} 最大去除率可达到 81.7%（图 2-6）。采用铁铝复合混凝剂较单一 PAC 有一定程度提高，但出水 Pb^{2+} 浓度仍未能达标。为进一步提高铝铁复合混凝剂对 Pb^{2+} 的去除效果，在上述铁铝复合混凝剂实验基础上分别投加 0.2mg/L、0.4mg/L、0.6mg/L、0.8mg/L、1.0mg/L、1.2mg/L PAM 溶液，具体实验结果见表 2-2，增加助凝剂投加量能使 Pb^{2+} 去除率最高达到

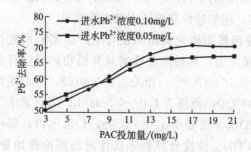

图 2-5　不同 PAC 投加量下的 Pb^{2+} 去除率

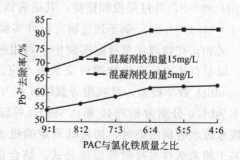

图 2-6　混凝剂组分与 Pb^{2+} 去除率关系图

93.0%，比单独投加复合混凝剂 Pb^{2+} 的去除率提高了 11.3%，且 PAM 投加量达到 0.8mg/L 时，处理出水浓度低于 0.10mg/L，达到了《生活饮用水卫生标准》(GB 5749—2006) 的要求，为微污染水源水应急处理提出了一种应急处理技术。可见，实验设计常需要多次才能获得满意的结果。实验设计不仅要从科学研究角度看其污染物的去除率，还要从工程或生产实际看其水质是否达到了标准要求，只有满足相关标准的工艺技术方法才是适宜的。实验设计是在减少研究工作量的条件下快速寻求解决生产实际问题的最适宜方法之一。

表 2-2 不同 PAM 投加量去除 Pb^{2+} 实验的主要指标

PAM 投加量 /(mg/L)	混凝剂投加量为 5mg/L					混凝剂投加量为 15mg/L				
	残余 Pb^{2+} /(mg/L)	COD$_{Mn}$ /(mg/L)	pH 值	色度	浑浊度 /NTU	残余 Pb^2 /(mg/L)	COD$_{Mn}$ /(mg/L)	pH 值	色度	浑浊度 /NTU
0.2	0.038	0.98	7.75	5	0.3	0.018	0.89	7.69	5	0.2
0.4	0.032	0.96	7.72	5	0.2	0.015	0.86	7.72	5	0.2
0.6	0.029	0.94	7.73	5	0.1	0.012	0.83	7.71	5	0.1
0.8	0.026	0.91	7.69	5	0.1	0.008	0.79	7.67	10	0.1
1.0	0.024	0.90	7.71	10	0.1	0.007	0.78	7.73	10	0.1
1.2	0.023	0.89	7.68	10	0.1	0.007	0.78	7.68	10	0.1
水质标准[1]	0.01	3.00	6.5~8.5	15	1.0	0.01	3.00	6.5~8.5	15	1.0

[1]《生活饮用水卫生标准》(GB 5749—2006)。

第二节 单因素实验设计

单因素实验指只有一个影响因素的实验，或影响因素虽多，但在安排实验时只考虑一个对指标影响最大的因素，其他因素尽量保持不变的实验。单因素实验设计方法有均分法、抛物线法、分批实验法、对分法、0.618 法（黄金分割法）、分数法等。

一、均分法和抛物线法

均分法适于生物作用实验研究和具有一次线性关系的单因素实验研究。如氨氮沸石吸附实验研究（图 2-7）。这类实验设计往往是基于研究者实验研究水平和分析测试速度按一定时间间隔设计的，比如说，一般三天左右可以完成一个实验点各种样品的分析，则按三天实验间隔取样，研究生物反应器随时间变化的污染物生物降解效果。这类实验的做法是如果要测某因素的 n 个水平状态，就将因素的实验范围等分成 n 份或者按等距水平，在各因素水平上做实验，获得该因素各水平的变化规律或趋势，从而确定实验控制的适宜条件。该实验方法的优点是实验可以控制某一因素的变化水平，设计研究另一因素不同水平的变化情况，适宜实验室小试研究和应急研究，减少实验次数。如通过六联搅拌器搅拌一次获得一个因素六个水平的实验样品。缺点是因素的水平设计较多或实验的取样点较多时，实验分析的工作量较大。

抛物线法适于二次和多次线性关系的单因素实验研究，如活性炭和沸石吸附等温线、膜过滤的膜通量测定（表 2-8）。其做法是基于线性关系的变化趋势，在因素变化较大或较快的区间，尤其是拐点附近设置较密集的取样点，而在因素变化较小的区间设置较稀的水平分布。其优点是实验可以同时安排，减少实验次数，并获得较为精准的曲线，适宜实验室小试研究和应急研究；缺点是因素的水平设计较多或实验的取样点多时，实验分析的工作量较大。

　　均分法和抛物线法为本科生和研究生实验研究中较为普遍的使用方法，但要求学生在实验前必须对前人的研究有所了解，对该因素多水平的变化趋势和变化范围有较充分的了解，并在此基础上设计实验。

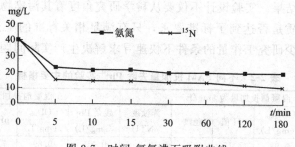

图 2-7　时间-氨氮沸石吸附曲线

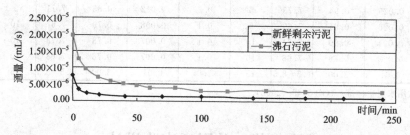

图 2-8　好氧条件下含沸石污泥与新鲜活性污泥的膜通量

二、分批实验法

　　当完成实验需要时间较长，而测试样本所需时间、人力或费用较少时，采用分批实验法较好。分批实验法有均匀分批实验法和比例分割实验法，这里仅介绍常用的均匀分批法。如有毒物质进入生化处理构筑物的最大允许浓度实验就可以用这种方法。实验每批一般均匀设计 4 个实验点，即在实验范围 (a, b) 内均分为 5 份（图 2-9），将 4 个实验样本同时进行测试分析，如果 x_3 好，则去掉小于 x_2 和大于 x_4 的部分，留下 (x_2, x_4) 范围。然后将留下部分分成 4 份，重新分成 4 个分点实验，并逐步做下去，就能找到最佳点。由于这种方法每批要取 4 个实验点，第一次实验后能确定的有效范围缩小为 2/5，以后每次实验后缩小为前次余下的 1/3。

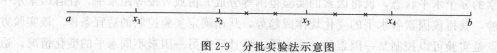

图 2-9　分批实验法示意图

三、对分法、0.618 法和分数法

　　在中试和实际生产过程中，由于反应器体积大、实验反应投加材料或药剂等用量大，且实验反应过程所需时间长，难以密集设计实验次数寻找实验适宜条件，如污水处理厂化学除磷剂适宜投加量的确定，每次需要投加大量除磷剂和数倍二沉池水力停留时间确保泥水分离运行稳定后才能取出水样进行分析，且一次只能得出一个实验结果，实验研究的代价很大。因此，对于规模或范围大的实验需要探索一种尽可能少的实验次数和小的代价方法。对分法、0.618 法和分数法就是利用数学原理开发出来的采用较少实验次数、一次只能得出一个实验结果、快速找到适宜条件的实验方法。对分法效果最好，每做一个实验就可以去掉实验

范围的一半。分数法应用较广，它还可以应用于实验点只能取整数或某特定数的情况，以及限制实验次数和精确度的情况。

下面分别介绍对分法、0.618 法和分数法。

1. 对分法

采用对分法时，首先要根据经验确定实验范围。设实验范围在 (a, b) 之间，第一次实验点就取在 (a, b) 的中点 x、$(x_1 = \dfrac{a+b}{2})$，若实验结果表明 x_1 取大了，则弃去大于 x_1 的一半，第二次实验点安排在 (a, x_1) 的中点 $x_2 \left(x_2 = \dfrac{a+x_1}{2} \right)$。如果第一次实验结果表明 x_1 取小了，则弃去小于 x_1 的一半，第二次实验点就取在 (x_1, b) 的中点。这个方法的优点是每做一次实验便可以去掉一半，且取点方便。适用于预先已经了解所考察因素对指标的影响规律，能够从一个实验的结果直接分析出该因素的值是取大了或取小了的情况。如前面提到的污水处理厂化学除磷就可以采用对分法，先依据需要化学去除的量，按化学除磷反应确定理论投加量作为最小投加量，后基于其他污水处理厂实际运行经验或理论投加量放大一个安全系数确定最大投加量。如按理论投加量的 200% 作为最大值，第一次实验按 150% 理论投加量投加，后依据出水磷含量的结果确定第二次实验是在 100%～150% 范围内按 125% 理论投加量实验，还是在 150%～200% 范围内按 175% 理论投加量实验。并依次逐步进行，直至获得满意实验结果。

2. 0.618 法

单因素优选法中，对分法的优点是每次实验都可以将实验范围缩小一半，缺点是要求每次实验要能确定下次实验的方向。有些实验不能满足这个要求，如有些实验，其目标函数只有一个峰值，在峰值的两侧实验效果都差（图 2-10），此时采用对分法受到限制，而 0.618 法适用于目标函数为单峰函数的情形。具体实验方法如下。

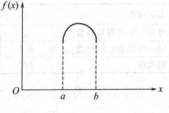

图 2-10　某单峰函数

设实验范围为 (a, b)，第一次实验点 x_1 选在实验范围的 0.618 位置上，即

$$x_1 = a + 0.618(b-a) \tag{2-4}$$

第二次实验点选在第一点 x_1 的对称点 x_2 处，即实验范围的 0.382 位置上：

$$x_2 = a + 0.618^2(b-a) \tag{2-5}$$

设 $f(x_1)$ 和 $f(x_2)$ 表示 x_1 与 x_1 两点的实验结果，且 $f(x)$ 值越大，效果越好，则存在以下 3 种情况：

(1) 如果 $f(x_1) > f(x_2)$，根据"留好去坏"的原则，去掉实验范围 $[a, x_2]$ 部分，在剩余范围 $[x_2, b]$ 内继续做实验。

(2) 如果 $f(x_1) < f(x_2)$，则去掉实验范围 $[x_1, b]$ 部分，在剩余范围 $[a, x_1]$ 内继续做实验。

(3) 如果 $f(x_1) = f(x_2)$，去掉两端，在剩余范围 $[x_1, x_2]$ 内继续做实验。

根据单峰函数性质，上述 3 种做法都可使好点留下，去掉的只是部分坏点，不会发生最优点丢掉的情况。

对于上述 3 种情况，继续做实验，取 x_3 时，则有：

在第一种情况下，在剩余实验范围 $[x_2, b]$ 上用公式(2-5)计算新的实验点 x_3：

$$x_3 = x_2 + 0.618(b - x_2)$$

在第二种情况下，剩余实验范围 $[a, x_1]$，用公式(2-6)计算新的实验点 x_3：

$$x_3 = a + 0.618^2(x_1 - a)$$

在第三种情况下，剩余实验范围为 $[x_1, x_2]$，用公式(2-5)和公式(2-6)计算两个新的实验点 x_3 和 x_4：

$$x_3 = x_2 + 0.618(x_1 - x_2)$$
$$x_4 = x_2 + 0.618^2(x_1 - x_2)$$

然后在 x_3、x_4 范围内安排新的实验。

这样反复做下去，将使实验的范围越来越小，最后两个实验结果趋于接近，就可停止实验。

3. 分数法

分数法又叫菲波那契数列法，它是利用菲波那契数列进行单因素优化实验设计的一种方法。当实验点只能取整数或者限制实验次数的情况下，采用分数法较好。例如，如果只能做1次实验，就在1/2处做，其精度为1/2，即这一点与实际最佳点的最大可能距离为1/2。如果只能做两次实验，第一次实验在2/3处做，第二次在1/3处做，其精度为1/3。如果能做3次实验，则第一次在3/5处做，第二次在2/5处做，第三次在1/5或4/5处做，其精度为1/5，依此类推，做几次实验就在实验范围内 $\dfrac{F_n}{F_{n+1}}$ 处做，其精度为 $\dfrac{1}{F_{n+1}}$，见表2-3。

表 2-3　分数法实验点位置与精确度

实验次数	2	3	4	5	6	7	…	n
等分实验范围的份数	3	5	8	13	21	34	…	F_{n+1}
第一次实验点的位置	2/3	3/5	5/8	8/13	13/21	21/34	…	F_x/F_{n+1}
精确度	1/3	1/5	1/8	1/13	1/21	1/34	…	$1/F_{n+1}$

表中的 F_n 及 F_{n+1} 称为"菲波那契数"，它们可由下列递推式确定：

$$F_n = F_1 = 1, \cdots, F_k = F_{k-1} + F_k \quad (k = 2, 3, 4, \cdots)$$

由此得

$$F_2 = F_1 + F_0 = 2$$
$$F_3 = F_2 + F_1 = 3$$
$$F_4 = F_3 + F_2 = 5$$

因此，表2-3的第三行从分数2/3开始，以后的每一分数分子都是前一分数的分母，而其分母都等于前一分数的分子与分母之和，照此方法不难写出所需要的第一次实验点位置。

分数法各实验点的位置，可用下列公式求得：

$$\text{第一个实验点} = (\text{大数} - \text{小数}) \times \frac{F_n}{F_{n+1}} + \text{小数} \tag{2-6}$$

$$\text{新实验点} = (\text{大数} - \text{中数}) + \text{小数} \tag{2-7}$$

式中，中数为已试的实验点数值。

新试点（x_2, x_3, $\cdots$）安排在余下范围内与已试点相对称的点上（图2-11）。

下面以一具体例子说明分数法的应用。

【例 2-1】　某污水厂准备投加三氯化铁来改善污泥的脱水性能，根据初步调查，投药量

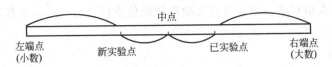

左端点
(小数)　　　　新实验点　　　中点　　　已实验点　　　右端点
(大数)

图 2-11　分数法实验点位置示意图

在 160mg/L 以下，要求通过 4 次实验确定最佳投药量。

解：具体计算方法如下：

① 根据式(2-6)可得到第一个实验点位置：

$$(160-0)\times(5/8)+0=100(mg/L)$$

② 根据式(2-7)可得到第二个实验点位置：

$$(160-100)+0=60(mg/L)$$

③ 假定第一点比第二点好，则最佳投药量应处在 100mg/L 附近，即处于 60～100mg/L 或 100～160mg/L 范围内，所以应在 (60,160) 之间找第三点，弃去 (60,0) 的一段，则第三点为：

$$(160-100)+60=120(mg/L)$$

反之，则在 0～100 范围内计算第三点。

④ 设第三点结果比第一点结果好，此时可用"对分法"进行第四次实验，即在 $\frac{100+120}{2}=110(mg/L)$ 处进行实验，得到需要的结果；反之，如果第三点结果较第一点结果差，则第四次应在 $\frac{60+100}{2}=80(mg/L)$ 处进行实验，得到所求实验结果。

第三节　双因素实验设计

对于双因素影响实验而言，由于因素之间相互关联，难以表征，实验时往往采取把两个因素减成一个因素的办法（即降级法）来解决，也就是先固定第一个因素做第二个因素的实验，再固定第二个因素做第一个因素的实验。

一、好点实验法

这种方法是先把一个因素如 x 固定在实验范围内的某一点 x_1（0.618 点处或其他点处），然后用单因素实验设计对另一因素 y 进行实验，得到最佳实验点 $A_1(x_1,y_1)$；再把因素 y 固定在好点 y_1 处，用单因素方法对因素 x 进行实验，得到最佳点 $A_2(x_2,y_1)$。若 $x_2<x_1$，因为 A_2 比 A_1 好，可以去掉大于 x_1 的部分，如果 $x_2>x_1$，则去掉小于 x_1 的部分。然后，在剩下的实验范围内，再从好点 A_2 出发，把 x 固定在 x_2 处，对因素 y 进行实验，得到最佳实验点 $A_3(x_2,y_2)$，于是再沿直线 $y=y_1$ 把不包含 A_3 的部分范围去掉，这样继续下去，能较好地找到需要的最佳点（图 2-12）。

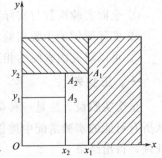

图 2-12　从好点出发法示意图

这个方法的特点是对某一因素进行实验选择最佳点时，另一个因素都是固定在上次实验结果的好点上。

二、平行线法

如果双因素问题的两个因素中有一个因素不易改变，宜采用平行线法，具体方法如下。

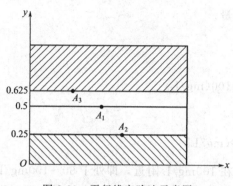

图 2-13 平行线实验法示意图

设因素 y 不易调整，我们就把 y 固定在其实验范围的 0.5（或 0.618）处，过该点作平行于 O_x 的直线，并用单因素方法找出另一因素 x 的最佳点 A_2。比较 A_1 和 A_2，若 A_1 比 A_2 好，则沿直线 $y=0.25$ 将下面的部分去掉，然后在剩下的范围内用对分法找出因素 y 的第三点 0.625。第三次实验将因素 y 固定在 0.625 处或者 0.25 以上部分的 50% 处，用单因素法找出因素 x 的最佳点 A_3，若 A_1 比 A_3 好，则又可将直线 $y=0.625$ 以上的部分去掉。这样一直做下去，就可以找到满意的结果（图 2-13）。

例如，混凝效果与混凝剂的投加量、pH、水流速度梯度三个因素有关。根据经验分析，主要的影响因素是投药量和 pH，因此可以根据经验把水流速度梯度固定在某一水平上，然后用双因素实验设计法选择实验点进行实验。

第四节　正交实验设计

在生产和科学研究中遇到的问题一般都是比较复杂的，包含多种因素，且各个因素具有不同的状态，它们往往互相交织、错综复杂。要解决这类问题，常常需要做大量实验。例如，高氨氮工业废水欲采用好氧生物处理，经过分析研究，决定考察 3 个因素——温度、时间和氮负荷率，而每个因素又可能有 3 种不同的状态（如温度因素有 15℃、20℃、25℃三个水平），它们之间有可能有 $3^3=27$ 种不同的组合，也就是说要经过 27 次实验才能知道哪一种组合最好。显然，这种全面进行实验的方法，不但费时费力费钱，有时过量实验数据甚至导致结果难以解释。对于这样的一个问题，如果我们采用正交设计法安排实验，只要经过 9 次实验便能得到满意的结果。对于多因素问题，采用正交实验设计可以达到事半功倍的效果，这是因为可以通过正交设计合理地挑选和安排实验点，较好地解决多因素实验中的以下突出问题：

① 全面实验次数与实际可行实验次数间的矛盾。
② 实际所做的少数实验与要求掌握事物内在规律间的矛盾。
③ 可以研究因素间的相互关系，寻求优化工艺组合。

一、正交表

正交实验设计法是一种研究多因素实验问题的数学方法。它主要是使用正交表这一工具从所有可能的实验搭配中挑选出若干必需的实验，然后用统计分析方法对实验结果进行综合处理，得出结果。

正交表是利用任意两列均衡搭配的原理构建出的一张排列整齐的规格化表格，它是正交实验设计法中合理安排实验以及对数据进行统计分析的工具。正交表都以统一形式的记号来表示，如 $L_4(2^3)$（图 2-14），字母 L 代表正交表，L 右下角的数字"4"表示正交表要安排 4 次实验，即有 4 行；括号内的指数"3"表示表中最多可以考察 3 个因素，即有 3 列；括号内

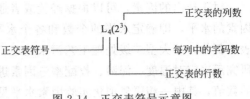

图 2-14　正交表符号示意图

的底数"2"表示安排实验时，被考察的因素有两种水平，称为水平 1 与水平 2，即表中每列有 1、2 两种数据，如图 2-4 所示。

表 2-4　$L_4(2^3)$ 正交表

实验号	列　号			实验结果
	1	2	3	
1	1	1	1	1
2	1	2	2	2
3	2	1	2	3
4	2	2	1	4

当被考察各因素的水平不同时，应采用混合型正交表，其表示方式略有不同。如 $L_8(4\times 2^4)$，它表示有 8 行（即要做 8 次实验）、5 列（即有 5 个因素），而括号内的第一项"4"表示被考察的第一个因素是 4 水平，在正交表中位于第一列，这一列由 1、2、3、4 四种数字组成。括号内第二项的指数"4"表示另外还有 4 个考察因素，底数"2"表示后 4 个因素是 2 水平，即后 4 列由 1、2 两种数字组成。用 $L_8(4\times 2^4)$ 安排实验时最多可以考察一个具有 5 因素的问题，其中 1 个因素为 4 水平，另外 4 个因素为 2 水平，共要做 8 次实验（表 2-5）。

表 2-5　$L_8(4\times 2^4)$ 正交表

实验号	列　号				
	1	2	3	4	5
1	1	1	1	1	1
2	1	2	2	2	2
3	2	1	1	2	2
4	2	2	2	1	1
5	3	1	2	1	2
6	3	2	1	2	1
7	4	1	2	2	1
8	4	2	1	1	2

二、正交设计法多因素实验步骤

正交实验步骤如下。

（1）明确实验目的，确定实验指标。

（2）挑因素，选水平，列出因素水平表　由于影响实验结果的因素很多，我们不可能对每个因素都进行考察。对于不可控因素，难以测定因素不同水平的差别，而无法判断该因素的作用，所以不能列为被考察的因素。对于可控因素则应挑选那些对指标可能影响较大但又没有把握的因素来进行考察，特别注意不能把重要因素固定（即固定在某一状态上不进行考察）。

对于选出的因素，可以根据经验或者通过查文献确定它们的范围，在此范围内选出每个因素的水平，即确定水平的个数和各个水平的数值。因素水平选定后，便可列成因素水平表。例如，某大型二级处理工艺污水处理厂，拟对污泥进行二相厌氧消化回收能源，经分析研究后决定对温度、泥龄、投配率三因素进行考察，并确定了各因素均为 2 水平和每个水平的数值，其中一相厌氧消化实验因素水平见表 2-6。

表 2-6　污泥一相厌氧消化实验因素水平表

水平	因　素		
	温度/℃	泥龄/d	污泥投配率/%
1	25	5	5
2	35	10	8

（3）选用正交表　常用的正交表有几十个，究竟选用哪个正交表，需要综合分析后决定，一般是根据因素和水平的多少、实验工作量大小和实验条件而定。实际安排实验时，挑选因素、水平和选用正交表等步骤有时是结合进行的。例如，根据实验目的，选好 4 个因素，如果每个因素取 4 个水平，则需用 $L_{16}(4^4)$ 正交表，要做 16 次实验。但是由于时间和经费上的原因，希望减少实验次数，因此，改为每个因素 3 个水平，则改用 $L_9(3^4)$ 正交表，做 9 次实验就够了（表 2-7）。又以某污水处理厂拟对污泥进行二相厌氧消化回收能源为例，经分析研究后决定对温度、泥龄、投配率三因素进行考察，并确定了各因素均为 2 水平，因此应选用的正交实验表为 $L_4(2^3)$。

表 2-7　$L_9(3^4)$ 正交表

实验号	列　号			
	1	2	3	4
1	1	1	1	1
2	1	2	2	2
3	1	3	3	3
4	2	1	2	3
5	2	2	3	1
6	2	3	1	2
7	3	1	3	2
8	3	2	1	3
9	3	3	2	1

（4）列出实验方案　把正交表中列换成相应的水平，即得实验方案表，如将表 2-6 改写成表 2-8。

表 2-8　污泥一相厌氧消化实验方案表

实验号	因素(列号)			
	A 温度/℃ (1)	B 泥龄/d (2)	C 污泥投配率/% (3)	污泥消化产气量/(L/kgCOD)
1	25(1)	5(1)	5(1)	X_1
2	25(2)	10(2)	8(2)	X_2
3	35(1)	5(1)	8(2)	X_3
4	35(2)	10(2)	5(1)	X_4

三、结果分析与讨论

实验获得大量数据后，如何科学地分析这些数据，并从中得到正确的结论，是实验设计的重要内容。通过正交实验可以获得如下结论。

① 实验因素中，各因素的主次关系如何。

② 各影响因素中，哪个水平能得到满意的结果，从而找到适宜的因素组合或工艺技术参数。

具体分析法步骤如下：

① 实验结束后，应归纳各组实验数据，填入表 2-9 的"实验结果"栏中。

表 2-9　$L_4(2^3)$ 表的实验结果分析

实验号	列　号			实验结果(实验指标)
	1	2	3	
1	1	1	1	x_1
2	1	2	2	x_2
3	2	1	2	x_3
4	2	2	1	x_4
K_1 K_2				$\sum\limits_{i=1}^{n} x(n=$ 实验次数$)$
$\overline{K}_1$				
$\overline{K}_2$				
R				

② 计算各列的 K_i、$\overline{K}_i$ 和 R 值，并填入表 2-9 中，其中：

$$K_i(第\ m\ 列)=第\ m\ 列中数字与"i"对应的指标值之和$$

$$\overline{K}_i(第\ m\ 列)=\frac{K_i(第\ m\ 列)}{第\ m\ 列中"i"水平的重复次数}$$

$$R(第\ m\ 列)=第\ m\ 列的\overline{K}_i中最大值减去最小值之差$$

式中，R 为极差。极差是衡量数据波动大小的重要指标，极差越大的因素越重要。

例如，某自来水厂微污染应急处理小试实验所取得结果填入表 2-10 中。从表中可以看出第 6 号实验的 COD_{Mn} 去除率最高，此时的实验条件是 $A_2B_3C_1D_2$，并将去除率的总和 $\sum\limits_{i=1}^{n} x$（即 9 次实验 COD_{Mn} 去除率累加）186.61 也填入表内。同时，计算 K_i、$\overline{K}_i$ 和 R 值。表中第 1 列中与（1）对应的 3 个实验指标分别为"2.98"、"21.03"和"0.96"，相加的结果 24.97 填入第 1 列的 K_1 中；将第 2 列与预氧化时间 10min 对应的实验号 1、4、7 的实验结果相加，即 53.66 填入第 2 列的 K_1 中；将第 3 列与过氧化氢投加量 0.1mg/L 对应的实验号 1、6、8 的实验结果相加，即 72.52 填入第 3 列的 K_1 中；将第 4 列与聚合氯化铝投加量 2mg/L 对应的实验号 1、5、9 的实验结果相加，即 44.4 填入第 4 列的 K_1 中。同理，分别计算第 1～4 列的 K_2 值和第 1～4 列的 K_3 值。

表 2-10 的第 1 列中水平 1～4 重复的次数均为 3 次，所以

$$\overline{K}_1(第\ 1\ 列)=\frac{K_1(第\ 1\ 列)}{3}=\frac{24.97}{3}=8.32(\%)$$

同理计算 $\overline{K}_1$ 的 2～4 列以及 $\overline{K}_2$、$\overline{K}_3$ 和 $\overline{K}_4$。

对应的 R_1 为：

$$R_1 = 30.98 - 8.32 = 22.66 \ (\%)$$

依此类推，计算 R_2、R_3 和 R_4，并将计算结果填入表中。

表 2-10 微污染水源水的正交试验结果

实验号	因素（列号）				
	水动力学条件 （快速/中速/慢速）/s	预氧化时间 /min	过氧化氢投加量 /(mg/L)	聚合氯化铝投加量 /(mg/L)	COD_{Mn} 去除率 /%
1	30/180/990	10	0.1	2	2.98
2	30/180/990	15	0.2	3	21.03
3	30/180/990	20	0.3	4	0.96
4	45/240/915	10	0.2	4	31.80
5	45/240/915	15	0.3	2	20.44
6	45/240/915	20	0.1	3	40.70
7	60/300/840	10	0.3	3	18.88
8	60/300/840	15	0.1	4	28.84
9	60/300/840	20	0.2	2	20.98
K_1	24.97	53.66	72.52	44.4	
K_2	92.94	70.31	73.81	80.61	186.61
K_3	68.7	62.64	40.28	61.6	
$\overline{K_1}$	8.32	17.89	24.17	14.80	
$\overline{K_2}$	30.98	23.44	24.60	26.87	
$\overline{K_3}$	22.9	20.88	13.43	20.53	
R	22.66	5.55	11.17	12.07	

③ 作因素与指标的关系图 以指标 $\overline{K}$ 为纵坐标、因素水平为横坐标作图，得各因素与指标的关系（图 2-15）。从图中可以很直观地看出：四因素中，对 COD_{Mn} 去除率影响最大的是水动力学条件（搅拌时间），其次是聚合氯化铝投加量，而预氧化时间影响较小。

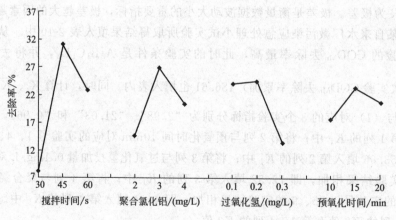

图 2-15 各因素水平与 COD_{Mn} 去除率关系图

④ 比较各因素极差 R，排出因素的主次顺序。从表 2-10 可以看出，微污染水源水应急处理过程中影响出水水质的各因素主次顺序是水动力学条件（搅拌时间）>聚合氯化铝投加量>过氧化氢投加量>预氧化时间，与图 2-15 对应结果相同。应该注意，实验分析得到的因素主次、水平优劣都是相对于这一具体实验而言的，如果改换到另一次实验中，由于实验

条件变了，其主要因素就可能成为次要因素。

⑤ 选取较好的水平组。从表 2-10 可以看到，9 个实验中 COD_{Mn} 去除率最高的操作条件是 $A_2B_3C_1D_2$，从图 2-15 中可以看出好的操作条件也是 $A_2B_2C_2D_2$，二者有所差异，此时需要对上述二操作条件重新做 3 次实验加以对比或验证，确定更好的一组操作条件为正交试验确定的优化参数。在本实验中，重新实验表明，$A_2B_2C_2D_2$ 的实验结果优于 $A_2B_3C_1D_2$ 的实验结果，故适宜的工艺运行条件为快速/中速/慢速搅拌 45s/240s/915s、聚合氯化铝投加量 3mg/L、过氧化氢投加量 0.2mg/L、预氧化时间 15min。由于水厂取水口至混凝沉淀池的水力输送时间约 17min，在泵房投加过氧化氢，能保证预氧化时间要求。

第三章 水样的采集、管理运输、保存及其预处理

采集的水样必须具有代表性和完整性，即在规定的采样时间、地点，用规定的方法，采集符合被测对象真实情况的样品。为此，开展水污染防治需要了解被测对象采集、管理运输、保存及其预处理的相关规范或要求，选择合适的采样位置、采样时间、采样以及运输和保存方法。

水污染控制涉及水体污染防治、点源污染治理以及实验室的实验研究等，其研究对象的特征差异性大，因而其水样的采集也各有所异。如河流、湖泊、水库的监测水样需在设置的监测断面上采取；工业污染源中第一类污染物水样应在车间排放口采取混合样，而第二类污染物水样应在企业污染排放口采取；实验室小试的出水最好收集全部出水的混合样，而不是取短时或瞬时出水样等。

为确保水样的代表性和完整性，国家对水和废水监测的布点与采样、监测项目与相应的监测分析方法等制定了系列规范，如地《表水和污水监测技术规范》（HJ/T 91—2002）、《水质采样技术指导》（GB 12998—91）、《采样方案设计技术规定》（GB 12997—91）、《样品的保存和管理技术规定》（GB 12999—91）、《湖泊和水库采样技术指导》（GB/T 14581—93）、《地下水环境监测技术规范》（HJ/T 164—2004）和《水污染物排放总量监测技术规范》（HJ/T 92—2002）等，为水样采样点的设置、采样、运输和保存制定了规范性的操作方法。对于非环境监测的水污染防治研究，水样采取的频次可以不受上述规范、规定的限制，但其采样点位和采样断面设置、水样采取、水样管理运输和保存应遵循上述规范、规定的要求。

第一节 采样点的设置

一、地表水污染防治监测采样断面和采样点的设置

地表水因水体规模较大，且受气候气象、地形地貌、城乡分布、社会经济、生态环境等众多因素的影响，其采取水样的代表性受采样断面设置、采样频次、采样方法等影响。为此，需要做好相应的断面设置和科学规划设计。

1. 布点前的调查研究和资料收集

样本的代表性首先取决于采样断面和采样点的代表性。为了合理地确定采样断面和采点，必须做好调查研究和资料收集工作。其内容包括：水体的水文、气候、地质、地貌特征；水体沿岸城市分布和工业布局，污染源分布与排污情况，城市的给排水情况等；水体沿岸的资源（包括森林、矿产、土壤、耕地、水资源）现状，特别是植被破坏和水土流失情况；水资源的用途、饮用水源分布和重点水源保护区；实地勘察现场的交通状况、河宽、河床结构、岸边标志等；收集原有河段设置断面的水质分析资料。

2. 监测采样断面的设置原则

水质监测及采样断面在宏观上要能反映水系或所在区域的水环境质量状况，尤其是所在

区域环境的污染特征，尽可能以最少的断面获取足够的有代表性的环境信息，同时还需考虑实际采样时的可行性和方便性。具体设置原则如下。

① 对流域或水系要设立背景断面、控制断面（若干）。在各控制断面下游，如果河段有足够长度（至少 10km），还应设消减断面。

② 根据水体功能区设置控制采样断面，同一水体功能区至少要设置 1 个采样断面。

③ 断面位置应避开死水区、回水区、排污口处，尽量选择顺直河段、河床稳定、水流平稳、水面宽阔、无急流、无浅滩处。

④ 采样断面应力求与水文测流断面一致，以便利用其水文参数，实现水质监测与水量监测的结合。

3. 监测采样断面的设置方法

(1) 一个水系或一条较长河流中监测采样断面的设置

① 背景断面的设置。背景断面要能反映水系未受污染时的背景值。要求基本上不受人类活动的影响，远离城市居民区、工业区、农药化肥施放区及主要交通路线。原则上应设在水系源头处或未受污染的上游河段，如选定断面处于地球化学异常区，则要在异常区的上、下游分别设置。如有较严重的水土流失情况，则设在水土流失区的上游。

② 入境（对照）断面。入境断面用来反映水系进入某行政区域时的水质状况，应设置在水系进入本区域且尚未受到本区域污染源影响处。

③ 控制断面。控制断面用来反映某排污区（口）排放的污水对水质的影响。应设置在排污区（口）的下游，污水与河水基本混匀处。控制断面的数量、控制断面与排污区（口）的距离可根据以下因素决定：主要污染区的数量及其间的距离、各污染源的实际情况、主要污染物的迁移转化规律和其他水文特征等。此外，还应考虑对纳污量的控制程度，即由各控制断面所控制的纳污量不应小于该河段总纳污量的 80%。

④ 消减断面。消减断面是指废水、污水汇入河流，流经一定距离与河水充分混合后，水中污染物的浓度因河水的稀释作用和河流本身的自净作用而逐渐降低，其左、中、右三点，浓度差异较小的断面。如在此行政区域内河流有足够长度，则应设消减断面。消减断面主要反映河流对污染物的稀释净化情况，应设置在控制断面下游主要污染物浓度有显著下降处。

⑤ 出境断面。出境断面用来反映水系进入下一行政区域前的水质。因此应设置在本区域最后的污水排放口下游，污水与河水已基本混匀并尽可能靠近水系出境处。如在此行政区域内，河流有足够长度，则应设消减断面。

⑥ 省（自治区、直辖市）交界断面。省、自治区和直辖市内主要河流的干流、一级支流、二级支流的交界断面，这是环境保护管理的重点断面。

⑦ 其他各类监测采样断面

a. 水系的较大支流汇入干流的河口处或者入海口，湖泊、水库以及主要河流的出、入口应设置监测断面。

b. 国际河流出、流入国境的交界处应设置出境断面和入境断面。

c. 省（自治区、直辖市）间主要河流的交界处设置断面。

(2) 流经城市和工业区的河段上监测采样断面的设置　流经城市和工业区的河段一般应设四种类型的监测断面，即对照断面、控制断面、消减断面和出境断面。

① 对照断面。为了解河流入境前的水体水质状况，应在河流进入城市或工业区以前的地方，避开工业废水和生活污水的流入或回流处设置对照断面。一个河段只设一个对照

断面。

② 控制断面。一个河段上控制断面的数目应根据城市的工业布局和排污口分布情况而定。断面设置应考虑的原则与上述水系、河流的控制断面设置原则相同。

一般认为，重要排污口下游的控制断面应设在距排污口 500～1000m 处，因为在排污口的污染带下游 500m 横断面上的 1/2 宽度处重金属浓度常出现高峰值；有支流汇入，并且上游和支流上都有城市或污染源的河段，可按图 3-1 设置控制断面。

③ 消减断面。一般认为，消减断面应设在城市或工业区最后一个排污口下游 1500m 外的河段上。对于一些水量小的小河流，可根据具体情况确定消减断面的位置。

④ 出境断面。参见一个水系或一条较长河流中出境断面的设置。

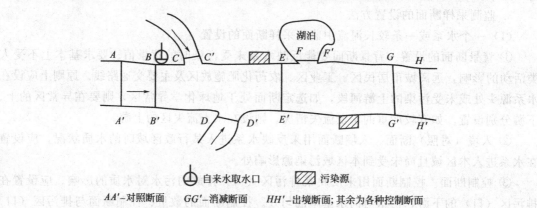

自来水取水口　　　污染源

AA'–对照断面　　　*GG'*–消减断面　　　*HH'*–出境断面; 其余为各种控制断面

图 3-1　控制断面设置

（3）潮汐河流监测采样断面的布设

① 潮汐河流监测断面的布设原则与其他河流相同，设有防潮桥闸的潮汐河流，根据需要在桥闸的上、下游分别设置断面。

② 根据潮汐河流的水文特征，潮汐河流的对照断面一般设在潮区界以上。

③ 潮汐河流的消减断面，一般应设在近入海口处。若入海口处于城市管辖区域外，则设在城市河段的下游。

④ 潮汐河流的断面位置，尽可能与水文断面一致或靠近，以便取得有关的水文数据。

（4）湖泊、水库监测断面的布设

① 湖泊、水库通常只设监测垂线，如有特殊情况可参照河流的有关规定设置监测断面。

② 湖（库）区的不同水域，如进水区、出水区、深水区、淡水区、湖心区、岸边区，按水体类别设置监测垂线。

③ 湖（库）区若无明显功能区别，可用网格法均匀设置监测垂线。

④ 监测垂线上采样点的布设一般与河流的规定相同，但有可能出现温度分层现象时，应做水温、溶解氧的探索性实验后再定。

⑤ 受污染物影响较大的重要湖泊、水库，应在污染物主要输送路线上设置控制断面。

选定的监测断面或监测垂线均应经环境保护行政主管部门审查确认，并在地图上标明准确位置，在岸边设置固定标志。断面一经确认即不准任意变动，确需变动时需经环境保护行政主管部门审查确认。

4. 采样点位的确定

在一个监测断面上设置的采样垂线数与各垂线上的采样点数应符合表 3-1 和表 3-2，湖（库）监测垂线上的采样点布设应符合表 3-3。

表 3-1　采样垂线数的设置

水面宽/m	垂线数	说　明
≤50	一条（中泓）	垂线布设应避免污染带，如测污染带应另加垂线；确能证明该断面水质均匀时，可仅设中泓垂线；凡在该断面要计算污染物通量时，必须按本表设置垂线
50～100	二条（近左、右岸有明显水流处）	
≥100	三条（左、中、右）	

表 3-2　采样垂线上采样点数的设置

水深/m	采样点数	说　明
≤5	上层一点	上层指水面下 0.5m 处，水深不到 0.5m 时，在水深 1/2 处；下层指河底以上 0.5m 处；中层指 1/2 水深处；凡在该断面要计算污染物通量时，必须按本表设置采样点
5～10	上、下层二点	
≥10	上、中、下层三点	

表 3-3　湖（库）监测垂线采样点的设置

水深/m	分层情况	采样点数	说　明
≤5		一点（水面下 0.5m 处）	分层是指湖水温度分层状况。水深不足 0.5m，在 1/2 水深处设置测点；有充分数据证实垂线水质均匀时可酌情减少测点
5～10	不分层	二点（水面下 0.5m，水底上 0.5m 处）	
5～10	分层	三点（水面下 0.5m，1/2 斜温层，水底上 0.5m 处）	
≥10		除水面下 0.5m 和水底上 0.5m 处外，按每一斜温层 1/2 处设置	

二、地下水污染防治监测采样断面和采样点的设置

地下水狭义是指地面以下岩土孔隙、裂隙、溶隙饱和层中的重力水，广义指地表以下各种形式的水。

1. 地下水监测点网布设原则

① 总体上能控制不同的水文地质单元，能反映所在区域地下水系的环境质量状况和地下水质量空间变化。

② 监测重点为供水目的的含水层。

③ 监控地下水重点污染区及可能产生污染的地区，监视污染源对地下水的污染程度及动态变化，以反映所在区域地下水的污染特征。

④ 能反映地下水补给源和地下水与地表水的水力联系。

⑤ 监控地下水水位下降的漏斗区、地面沉降以及本区域的特殊水文地质问题。

⑥ 考虑工业建设项目、矿山开发、水利工程、石油开发及农业活动等对地下水的影响。

⑦ 监测点网布设密度的原则为主要供水区密，一般地区稀；城区密，农村稀；地下水污染严重地区密，非污染区稀；尽可能以最少的监测点获取足够的有代表性的环境信息。

⑧ 考虑监测结果的代表性和实际采样的可行性、方便性，尽可能从经常使用的民井、生产井以及泉水中选择布设监测点。

⑨ 监测点网不要轻易变动，尽量保持单井地下水监测工作的连续性。

2. 监测点网布设要求

① 在布设监测点网前，应收集当地有关水文、地质资料。包括：a. 地质图、剖面图、

现有水井的有关参数（井位、钻井日期、井深、成井方法、含水层位置、抽水试验数据、钻探单位、使用价值、水质资料等）；b. 作为当地地下水补给水源的江、河、湖、海的地理分布及其水文特征（水位、水深、流速、流量），水利工程设施，地表水的利用情况及其水质状况；c. 含水层分布。地下水补给、径流和排泄方向，地下水质类型和地下水资源开发利用情况；d. 对泉水出露位置，了解泉的成因类型、补给来源、流量、水温、水质和利用情况；e. 区域规划与发展，城镇与工业区分布，资源开发和土地利用情况，化肥农药施用情况，水污染源及污水排放特征。

② 国控地下水监测点网密度一般不少于每 $100km^2$ 0.1 眼井，每个县至少应有 1～2 眼井，平原（含盆地）地区一般为每 $100km^2$ 0.2 眼井，重要水源地或污染严重地区适当加密，沙漠区、山丘区、岩溶山区等可根据需要选择典型代表区布设监测点。

③ 在下列地区应布设监测点（监测井）：以地下水为主要供水水源的地区；饮水型地方病（如高氟病）高发地区；对区域地下水构成影响较大的地区，如污水灌溉区、垃圾堆积处理场地区、地下水回灌区及大型矿山排水地区等。

3. 监测点（监测井）设置方法

（1）背景值监测井的布设　为了解地下水体未受人为影响条件下的水质状况，需在研究区域的非污染地段设置地下水背景值监测井（对照井）。

根据区域水文地质单元状况和地下水主要补给来源，在污染区外围地下水水流上方垂直水流方向，设置一个或数个背景值监测井。背景值监测井应尽量远离城市居民区、工业区、农药化肥施放区、农灌区及交通要道。

（2）污染控制监测井的布设　污染源的分布和污染物在地下水中的扩散形式是布设污染控制监测井的首要考虑因素。各地可根据当地地下水流向、污染源分布状况和污染物在地下水中的扩散形式，采取点面结合的方法布设污染控制监测井，监测重点是供水水源地保护区。

三、污染源污（废）水调查和监测采样

1. 污水调查和监测采样点位的布设原则

① 第一类污染物采样点位一律设在车间或车间处理设施的排放口或专门处理此类污染物设施的排污口。第一类污染物有总汞、总镉、总砷、总铅、六价铬等无机化合物及有机氯化合物和强致癌物质等。

② 第二类污染物采样点位一律设在排污单位的外排口。第二类污染物主要有悬浮物、硫化物、挥发酚、氰化物、有机磷化合物、石油类、铜、锌、氟的无机化合物、硝基苯类、苯胺类等。

③ 进入集中式污水处理厂和进入城市污水管网的污水采样点位应设在离污水入口 20～30 倍管径的下游处。

④ 城市污水进入水体时，应在排污口上下游设置采样点。

2. 采样位置的设置

采样位置设在采样断面的中心，当水深大于 1m 时，位于 1/4 水深处；当水深小于和等于 1m 时，位于 1/2 水深处。

四、其他监测采样

1. 构筑物和反应器运行状况与处理效果监测采样

　　构筑物和反应器内部运行状况监测采样，如开展池内溶解氧分布、池内污泥浓度分布等研究时，采样断面设计可参考地表水采样断面设计；而污水处理设施运行效果和污染物达标排放情况监测采样布点要求和方法与污染源采样布点方法相同。

　　采样时间必须是在正常生产工况并达到设计规模 75％ 以上的运行条件下。

　　2. 应急监测采样

　　突发性水环境污染事故应急监测分为事故现场监测和跟踪监测。

　　事故现场监测采样一般以事故发生地点及其附近为主，根据现场具体情况和污染水体的特性布点采样和确定采样频次。对于江河应在事故地点及其下游布点采样，同时还要在事故地点上游采对照样。对于湖（库），采样点布设以事故地点为中心，沿水流方向一定间隔的扇形或圆形布点采样，同时采集对照样。采样要采平行双样，一份供现场快速监测，另一份送回实验室测定。

　　跟踪监测采样需根据污染物的稀释、扩散、降解作用以及污染物性质、水体的水文状况设置数个采样断面，湖（库）同时还要考虑不同水层采样，频次每天不得少于 2 次。

第二节　水样的采集、管理运输和保存

一、水样的分类

　　因采样目的和具体情况差异，采样方式及其水样类型会发生变化。通常，对河流、湖（库）等天然水体可以采集瞬时水样；而对生活污水和工业废水应采集混合水样。

　　1. 瞬时水样

　　指在某一定的时间和地点，从水体中或污（废）水中随机采集的分散水样。对于流量及污染物浓度都相对稳定的水体或污（废）水，采集瞬时样品具有良好的代表性。当水体的组成随时间发生变化，则要在适当时间间隔内多点采集瞬时水样，分别进行分析，绘制浓度-时间或流量-时间曲线，掌握水质水量变化规律。

　　2. 定时水样

　　在某一时段内，在同一采样点按等时间间隔采集等体积的单一水样，且每个样品单独测定。用于研究水体、污（废）水排放（或污染物浓度）随时间变化的规律。

　　3. 等时综合水样

　　把从不同采样点按照流量大小同时采集的各个瞬时水样经混合后所得到的水样。其适用于多支流河流、多个排放口的污水样品的采集。

　　4. 等时混合水样

　　指在某一时段内，在同一采样点位（断面）按等时间间隔所采等体积水样的混合水样。其适用于污（废）水排放流量相对稳定，但水质或者污染物组合、浓度均有变化的水样采集，常用于平均浓度测定。等时混合水样不适用于测试成分在水样贮存过程中发生明显变化的水样，如挥发酸酚、油类、硫化物等。

　　5. 等比例混合水样

　　指在某一时段内，在同一采样点位所采水样量与时间或流量成比例的混合水样。当水量和水质均不稳定或者随时间变化时，必须基于流量变化按比例采取混合样，即按一定的流量采集适当比例的水样（例如每 10t 采样 100mL 混合而成）。一般使用流量比例采样器完成水样的采集。

　　对于排污企业，生产的周期性影响着排污的规律性。为了得到代表性的污水样，应根据排污情况进行采样。不同的工厂、车间生产周期不同，排污的周期性差别也很大。一般地说，应在一个或几个生产或排放周期内，按一定的时间间隔分别采样。对于水量和水质稳定的污染源，可采集等时混合水样；对于水量和水质不稳定的污染源可采集等比例混合水样或者可分别采样、分别测定后按流量比例计算平均值。

二、采样前的准备

1. 制定采样计划

在制定计划前要充分了解研究的目的和要求；在充分了解采样点的基本情况后，针对性地制定采样计划，包括采样方法、容器及其洗涤、样品保存、管理运输、采样质量保证措施、采样时间等，并进行任务分解，把工作落实到人。在有现场测定项目和任务时，还应了解有关现场测定技术。

2. 采样器的准备

采样应选择适宜的采样器。采样器的材质和结构应符合《水质采样器技术要求》相关规范。一般采样器较简单，只要将取样容器沉入采样点对应深度即可。

采样器使用前需要清洗。塑料或玻璃采样器要按一般洗涤方法洗净备用；金属采样器应先用洗涤剂清洗油污，再用清水洗净，晾干备用；特殊采样器的洗涤方法按说明书要求进行。

3. 盛水容器准备

水样保存要基于水样的化学性质选择合适的容器。容器材料应保证水样各组分在贮存期内不与容器发生反应，不对水质造成污染，且廉价易得、易清洗、能反复使用。常用的水样容器材料有聚四氟乙烯、聚乙烯塑料（P）、石英玻璃（G）和硼硅玻璃（BG），其稳定性依次递减。通常塑料容器用作含金属污染物、放射性污染物和其他无机物水样的保存；玻璃容器用作含有机污染物和生物类水样的盛放。容器盖和塞的材质应与容器材料一致。

容器洗涤方法基于水样成分和测试项目确定。《地表水和污水监测技术规范》中对不同项目及容器材质提出了明确要求，并对洗涤方法做出了统一的规定（表 3-4）。容器洗涤晾干后，应按类型和项目编号，做到定点、定相，标签要粘贴在不易污损的部位。

表 3-4 水样保存和容器的洗涤

项 目	采样容器	保存剂及用量	保存期	采样量/mL[①]	容器洗涤
浊度[②]	G,P		12h	250	I
色度[②]	G,P		12h	250	I
pH[②]	G,P		12h	250	I
电导[②]	G,P		12h	250	I
悬浮物[③]	G,P		14d	500	I
碱度[③]	G,P		12h	500	I
酸度[③]	G,P		30d	500	I
COD	G	加 H_2SO_4，pH≤2	2d	500	I
高锰酸盐指数[③]	G		2d	500	I
DO[②]	溶解氧瓶	加入硫酸锰，碱性 KI 叠氮化钠溶液,现场固定	24h	250	I
BOD5[③]	溶解氧瓶		12h	250	I
TOC	G	加 H_2SO_4，pH≤2	7d	250	I
F^-[③]	P		14d	250	I
Cl^-[③]	G,P		30d	250	I
Br^-[③]	G,P		14d	250	I
SO_4^{2-}[③]	G,P		30d	250	I
PO_4^{3-}	G,P	NaOH，H_2SO_4 调 pH＝7,$CHCl_3$0.5%	7d	250	IV
总磷	G,P	HCl，H_2SO_4，pH≤2	24h	250	IV
氨氮	G,P	H_2SO_4，pH≤2	24h	250	I

续表

项　目	采样容器	保存剂及用量	保存期	采样量/mL①	容器洗涤
NO_2^-—N③	G,P		24h	250	I
NO_3^--N③	G,P		24h	250	I
总氮	G,P	H_2SO_4,pH≤2	7d	250	I
硫化物	G,P	1L 水样加 NaOH 至 pH=9,加入 5%抗坏血酸 5mL,饱和 EDTA3mL,滴加饱和 Zn(AC)₂ 至胶体产生,常温蔽光	24h	250	I
总氰	G,P	NaOH,pH≥9	12h	250	I
Be	G,P	HNO_3,1L 水样中加浓 HNO_3 10mL	14d	250	Ⅲ
B	P	HNO_3,1L 水样中加浓 HNO_3 10mL	14d	250	Ⅱ
Na	P	HNO_3,1L 水样中加浓 HNO_3 10mL	14d	250	Ⅱ
Mg	G,P	HNO_3,1L 水样中加浓 HNO_3 10mL	14d	250	Ⅱ
K	P	HNO_3,1L 水样中加浓 HNO_3 10mL	14d	250	Ⅱ
Ca	G,P	HNO_3,1L 水样中加浓 HNO_3 10mL	14d	250	Ⅱ
Cr(Ⅵ)	G,P	NaOH,pH=8~9	14d	250	Ⅲ
Mn	G,P	HNO_3,1L 水样中加浓 HNO_3 10mL	14d	250	Ⅲ
Fe	G,P	HNO_3,1L 水样中加浓 HNO_3 10mL	14d	250	Ⅲ
Ni	G,P	HNO_3,1L 水样中加浓 HNO_3 10mL	14d	250	Ⅲ
Cu	P	HNO_3,1L 水样中加浓 HNO_3 10mL	14d	250	Ⅲ
Zn	P	HNO_3,1L 水样中加浓 HNO_3 10mL	14d	250	Ⅲ
As	G,P	HNO_3,1L 水样中加浓 HNO_3 10mL,DDTC 法, HCl 2mL	14d	250	I
Se	G,P	HCl,1L 水样中加浓 HCl 2mL	14d	250	Ⅲ
Ag	G,P	HNO_3,1L 水样中加浓 HNO_3 2mL	14d	250	Ⅲ
Cd	G,P	HNO_3,1L 水样中加浓 HNO_3 10mL④	14d	250	Ⅲ
Sb	G,P	HCl,0.2%(氢化物法)	14d	250	Ⅲ
Hg	G,P	HCl 1%如水样为中性,1L 水样中加浓 HCl 10mL	14d	250	Ⅲ
Pb	G,P	HNO_3,1L 水样中加浓 $HNO_3$10mL④	14d	250	Ⅲ
油类	G	加入 HCl 至 pH≤2	7d	250	Ⅱ
农药类③	G	加入抗坏血酸 0.01~0.02g 除去残余氯	24h	1000	I
除草剂类③	G	加入抗坏血酸 0.01~0.02g 除去残余氯	24h	1000	I
邻苯二甲酸酯类③	G	加入抗坏血酸 0.01~0.02g 除去残余氯	24h	1000	I
挥发性有机物③	G	用1+10HCl 调至 pH=2,加入 0.01~0.02g 抗坏血酸除去残余氯	12h	1000	I
甲醛③	G	加入 0.2~0.5g/L 硫代硫酸钠除去残余氯	24h	250	I
酚类③	G,P	用 H_3PO_4 调至 pH=2,用 0.01~0.02g 抗坏血酸除去残余氯	24h	1000	I
阴离子表面活性剂	G,P		24h	250	Ⅳ
微生物③	G	加入 0.2~0.5g/L 硫代硫酸钠除去残余物,4℃保存	12h	250	I
生物③	G,P	不能现场测定时用甲醛固定	12h	250	I

① 为单项样品的最少采样量。

② 表示应尽量做现场测定。

③ 低温（0~4℃）避光保存。

④ 如用溶出伏安法测定,可改用 1L 水样中加 19mL 浓 $HClO_4$。

注：1. G 为硬质玻璃瓶；P 为聚乙烯瓶（桶）。

2. Ⅰ，Ⅱ，Ⅲ，Ⅳ表示四种洗涤方法如下。

Ⅰ：洗涤剂洗一次,自来水洗三次,蒸馏水洗一次；

Ⅱ：洗涤剂洗一次,自来水洗两次,(1+3)HNO_3 荡洗一次,自来水洗三次,蒸馏水洗一次；

Ⅲ：洗涤剂洗一次,自来水洗两次,(1+3)HNO_3 荡洗一次,自来水洗三次,去离子水洗一次；

Ⅳ：铬酸洗液洗一次,自来水洗三次,蒸馏水洗一次。

如果采集污水样品可省去用蒸馏水、去离子水清洗的步骤。

3. 经160℃干热灭菌 2h 的微生物、生物采样容器,必须在两周内使用,否则应重新灭菌；经 121℃高压蒸气灭菌 15min 的采样容器,如不立即使用,应于 60℃将瓶内冷凝水烘干,两周内使用。细菌监测项目采样时不能用水样冲洗采样容器,不能采混合水样,应单独采样后 2h 内送实验室分析。

三、采样方法

1. 地表水水样的采集

（1）采样方法和采样器　采集瞬时水样时，采样器常用聚乙烯塑料桶、单层采样器、直立式采样器和自动采样器，并采用借助船只、桥梁、索道或涉水等方式采集水样。

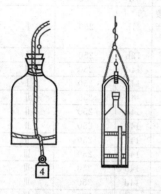

采集表层水时，可用桶、瓶或采样器沉入水下 0.5m 处（不足 0.5m 时，在 1/2 水深处）直接采取。采集深层水时，可使用带重锤的采样器沉入水中采集（图 3-2）。对于水流急的河段，宜采用急流采样器。

（2）采集量　水样采集量与分析方法、水样性质有关，具体采样数量见表 3-4。

（3）注意事项

图 3-2　水样采集器

① 水温、pH、电导率、溶解氧、氧化还原电位等项目应进行现场监测。

② 测定油类的水样，应在水面至水的表面下 300mm 采集柱状水样，并单独采样，全部用于测定。采样瓶（容器）不能用采集的水样冲洗。

③ 测定 BOD_5、DO、硫化物、余氯、粪大肠菌群、悬浮物、放射性等项目要单独采样。

④ 如果水样中含沉降性固体（如泥沙等），则应分离除去。分离方法为：将所采水样摇匀后倒入筒形玻璃容器（如 1～2L 量筒），静置 30min，将已不含沉降性固体但含有悬浮性固体的水样移入盛样容器并加入保存剂。测定总悬浮物和油类的水样除外。

⑤ 测定湖库水 COD、高锰酸盐指数、叶绿素 a、总氮、总磷时的水样，静置 30min 后，用吸管一次或几次移取水样，吸管进水尖嘴应插至水样表层 50mm 以下位置，再加保存剂。

⑥ 现场认真填写"水质采样记录"。内容包括采样日期、断面名称、采样位置（断面号、垂线号、点位号、水深）、现场测定记录（水温、pH、DO、Eh、透明度、电导率、浊度、水样感官指标）、水文参数（流速、流量）、气象参数（气温、风向、相对湿度等）。

2. 地下水水样的采集

地下水水样采集方法、采集量及注意事项与地表水采样类似，但其通常采集瞬时水样。

从井中采集水样时必须在充分抽吸后进行，抽吸水量不得少于井内水体积的 2 倍，采样深度应在地下水水面 0.5m 以下，以保证水样能代表地下水水质。对封闭的生产井可在抽水时从泵房出水管放水阀处采样，采样前应将抽水管中存水放净。对于自喷的泉水，可在涌口处出水水流的中心采样。采集不自喷泉水时，将停滞在抽水管的水吸出，新水更替之后再进行采样。

3. 污水采样

（1）采样方法　当污水排放量较稳定时，采用时间比例采样，否则必须采用流量比例采样。

采样位置应在采样断面中心。采样深度为：污水深度大于 1m 时，位于表层下 1/4 深度处采样；污水深度小于或等于 1m 时，在水深 1/2 处采样。

（2）采样频次与采样量　监督性监测每年不少于 1 次，被列为重点排污单位的每年控制在 2～4 次，国家重点污染源为每季度一次。工业企业排污的自控监测可根据生产周期和生产特点确定监测频次，一般每个生产周期不少于 3 次。对于水污染防治、环境科学研究、污染源调查和评价，可依据具体工作需要确定采样频次。

每个项目的采样量因被测对象而异，具体见表 3-4。

（3）注意事项

① 用样品容器直接采样时，必须用水样冲洗三次后再进行采样，但采油的容器不能冲洗。

② 采样时应注意除去水面的杂物、垃圾等漂浮物。

③ 用于测定悬浮物、BOD_5、硫化物、油类的水样，必须单独定容采样，全部用于测定。

④ 选用特殊的专用采样器（如油类采样器）时，应按照该采样器的使用方法采样。

⑤ 采样时应认真填写"污水采样记录表"，内容包括污染源名称、监测目的、监测项目、采样点位、采样时间、样品编号、污水性质、污水流量、采样人姓名及其他有关事项等。

⑥ 凡需现场监测的项目，应进行现场监测。

4. 特殊水样采样

（1）微生物水样　水样容器为 500mL 带磨口塞的广口耐热玻璃瓶。采样前将瓶置于 160℃ 干热灭菌 2h，或高压蒸汽 121℃ 灭菌 15min，并在 2 周内使用。采样的样品应在 2h 内送到实验室检验，否则应在 4℃ 环境下保存，并于 4h 内送实验室检验。如在同一采样点采集几个监测项目水样时，必须先采微生物监测水样。

（2）放射性水样　容器采用聚四氟乙烯或高压聚乙烯瓶，采样方法同一般水样。

（3）油类　测定水中溶解油或乳化油时，采样可采用一般采样器，但采样时注意避开水面浮油；测定水面浮油油含量时，可用一个已知面积带不锈钢丝网的不锈钢钢架，网上固定易吸油的介质（如合成纤维、有机溶剂浸泡过的纸浆或厚滤纸），放在水面吸附浮油。完成吸附后，去除吸油介质，用正己烷溶解油分供测定。

四、水样的管理运输

样品是从各种水体及各类型水中取得的实物证据和资料，水样妥善而严格的管理是获得可靠监测数据的必要手段。

水样采集后，往往根据不同的分析要求分装成数份，并分别加入保存剂。对每一份样品都应附一张完整的水样标签，水样标签应包括采样点位置、采样深度、采样时间、采样编号等。标签使用不褪色的墨水填写，并牢固地贴于盛装水样的容器外壁上。

水样采集后必须立即送回实验室，根据采样点的地理位置和每个项目分析前最长可保存的时间，选用适当的运输方式，在现场工作开始之前，就要安排好水样的运输工作，以防延误。

同一采样点的样品应装在同一包装箱内，如需分装在两个或几个箱子中时，则需在每个箱内放入相同的现场采样记录。运输前应检查现场采样记录上的所有水样是否全部装箱，要用红色记号笔在包装箱顶部和侧面标上"切勿倒置"的标记。

每个水样瓶均需贴上标签，内容有采样点位编号、采样日期和时间、测定项目、保存方法，并写明用何种保存剂。

在样品运输过程中应有押运人员，防止样品损坏或受沾污。移交实验室时，交接双方应一一核对样品，办妥交接手续，并在管理程序记录卡上签字。

污水样品的组成往往相当复杂，其稳定性通常比地表水样更差，应设法尽快测定。保存和运输方面的具体要求参照地表水样的有关规定执行。

五、水样的保存

水样采集后，应尽快送到实验室分析。样品久放，会受到生物的、化学的和物理的作用，某些组分的浓度可能会发生变化。

（1）生物作用　微生物的代谢活动，如细菌、藻类和其他生物的作用可改变许多被测物的化学形态，它们可影响许多测定指标的浓度，主要反映在 pH 值、DO、BOD$_5$、游离 CO_2、碱度、硬度、磷酸盐、硫酸盐、硝酸盐和某些有机化合物的浓度变化上。

（2）化学作用　测定组分可能被氧化或还原，如六价铬在酸性条件下易被还原为三价铬，低价铁可氧化成高价铁。由于铁、锰等价态的改变，可导致某些沉淀与溶解、聚合物产生或解聚作用的发生，如多聚无机磷酸盐、聚硅酸等，所有这些均能导致测定结果与水样实际情况不符。

（3）物理作用　阳光、温度、静置或振动、容器材质等会影响水样的性质。如温度上升会使汞、氰化物、氧、甲烷、乙醇等挥发；长期静置会导致氢氧化物、碳酸盐、磷酸盐和硫酸盐的各种沉淀物发生沉淀；部分组分被吸附在容器壁上或悬浮颗粒物的表面上。

水样在贮存期内发生变化的程度主要取决于水的类型及水样的化学性质和生物学性质，同时也取决于保存条件、容器材质、运输及气候变化等因素。必须强调的是这些变化往往非常快，常在很短的时间里样品就发生了明显变化，因此必须在相关情况下采取必要的保护措施，并尽快地进行分析。

保存措施旨在降低变化的程度或减缓变化的速度，水样类型不同其保存效果也不同。地表水、地下水和饮用水因其污染物浓度低，对生物或化学的作用不敏感，一般的保存措施均能有效。污（废）水因污染物浓度高、水质性质和污染物组合复杂，其保存效果也就不同。因此，需要基于水样的具体情况具体对待。不同水样保存方法参见表 3-4。

1. 盛装水样容器材质的选择及清洗

（1）盛装水样容器材质的选择　深色玻璃能降低光敏作用，而常常用于含易光解产物水样的贮存，如含农药、除草剂等水样一般使用棕色玻璃瓶保存。保存微生物分析样品的容器及塞子、盖子应能经受灭菌温度并且在此温度下不释放或产生出任何能抑制生物活性、灭活或促进生物生长的化学物质。由于容器材质贮存水样会带来物理的和化学的反应，因此选择的容器材质不能带来污染。一般玻璃容器在贮存水样时可溶出钠、钙、镁、硅、硼等元素，若测定这些组分时应避免使用玻璃容器保存水样，以防止新的污染；容器器壁会吸收或吸附某些待测组分，如一般玻璃容器能吸附金属物质，聚乙烯等塑料材质能吸附有机物、磷酸盐和油类，水样盛放时需考虑容器材质表面化学作用的影响。同时，要预防水样中的某些待测组分与容器发生反应，如含氟水样能与玻璃发生反应等。

（2）容器清洗规则　容器清洗需要根据水样测定项目的要求来确定。分析地表水或废水中微量化学组分时，通常要使用彻底清洗过的新容器，以避免水样遭受污染的可能性。清洗一般采样水和洗涤剂洗涤，再用铬酸-硫酸洗液浸泡，然后用自来水、蒸馏水冲洗干净即可。保存测重金属水样的玻璃容器及聚乙烯容器通常用盐酸或硝酸（1mol/L）洗净并浸泡 1～2 天，后用蒸馏水或去离子水冲洗。但测磷酸盐时不能使用含磷洗涤剂，测硫酸盐或铬时不能用铬酸-硫酸洗液浸泡。

2. 水样保存

（1）冷藏或冷冻样品在 4℃冷藏或将水样迅速冷冻，贮存于暗处，可以抑制生物活动，减缓物理挥发作用和化学反应速度。

冷藏是短期内保存样品的一种较好的方法，对测定基本无影响，但冷藏保存不能超过规定的保存期限。冷藏时温度必须控制在 4℃左右，温度太低（例如≤0℃）会出现水样结冰膨胀导致玻璃容器破裂，或样品瓶盖被顶开失去密封，出现样品被沾污；反之，温度太高会出现微生物滋生，导致水质变化。

（2）加入化学保存剂

① 控制溶液 pH 值。控制水样的 pH 值，可以有效抑制微生物的絮凝和沉降，防止重金属的水解和沉淀，减少容器表面化学吸附，使一些不稳定的待测组分保持稳定。故测定金属离子水样可采用硝酸酸化 pH 值至 1～2；测定氰化物的水样需加氢氧化钠调至 pH＝12；测定六价铬的水样应加氢氧化钠调至 pH＝8（因在酸性介质中，六价铬的氧化电位高，易被还原；而 pH 值大于 8 时，易生成沉淀）；而保存总铬的水样，则应加硝酸或硫酸酸化至 pH＝1～2。

② 加入抑制剂。为了抑制生物作用，可在样品中加入生物抑制剂，如重金属盐等。在测氨氮、硝酸盐氮和 COD 的水样中，加入氯化汞或三氯甲烷、甲苯作防护剂以抑制生物对亚硝酸盐、硝酸盐、铵盐的氧化还原作用。测定含酚水样时，可用磷酸调节 pH 值至 4，再加入适量硫酸铜可抑制苯酚分解菌的活动。

当水样含有氧化还原组分时，可投加氧化或还原抑制剂保存。水样中痕量汞易被还原，引起汞的挥发性损失，加入硝酸-重铬酸钾溶液可使汞维持在高氧化态，汞的稳定性大为改善。保存硫化物水样时，加入抗坏血酸利于水样保存。含余氯水样能氧化水中氯离子，使水中酚类、烃类、苯系物氯化生成相应的衍生物，为此需在采样时加入适量的 $Na_2S_2O_3$ 予以还原，除去余氯干扰。

表 3-4 列出了现行水样保存方法和保存期。但保存过程中应当注意，加入的保存剂不能干扰以后的测定，保存剂应采用优级纯试剂配制，同时在采样前进行相应空白试验，对测定结果进行校正。

第三节　水样的预处理

一、水样的稀释

各种分析测试方法均具有一定的检出范围。在分析测试时经常要对污染物含量较高的样品进行稀释，以使稀释后样品中污染物的浓度置于分析方法测定浓度范围之内。采取科学的稀释方法，确定适当的稀释倍数，不仅可减轻分析工作量，还可减轻干扰，提高监测结果的可靠性。

样品稀释有多种方法。根据样品稀释时使用的样品处理程度，可分为原始样品稀释法、中间样品稀释法和分析后样品稀释法。

水污染监测或分析中绝大部分样品都可采用原始样品稀释法。原始样品稀释法根据样品中待测物质浓度的高低，又可分为一次稀释法和逐级稀释法。如样品基础溶剂是水，可用水进行稀释；如系其他溶剂，需用与之相同或相近组分的溶剂稀释。原始样品稀释法一般吸取（或量取）一定体积的均匀样品于容量瓶中，用溶剂稀释至刻度，稀释后总体积与吸取样品体积的比即为稀释倍数。为减小稀释误差，节约溶剂用量，一般吸取的体积不应太小，一次稀释倍数也不应太大，达不到所要求的稀释倍数，可采取逐级稀释法。如某高氨氮废水的氨氮含量约在 2000mg/L 左右，采用纳氏比色法和水杨酸-次氯酸盐比色法的检出上限分别为 2mg/L 和 1mg/L，故测定其氨氮含量时水样至少需要分别稀释 1000 倍、2000 倍，此时绝对不能采用 1L 的容量瓶取 1mL 或 0.5mL 水样于容量瓶中，加入纯水定容至刻度的方法，而宜采用二次稀释，先稀释 20、40 倍，再稀释 50 倍，使之分别达到 1000 倍、2000 倍。原始样品稀释法的主要优点是样品稀释过程中，对原样品的组分及性质影响较小，可降低干扰物质的浓度，但操作烦琐，稀释溶剂用量大。如稀释倍数不当，需重新确定稀释倍数后进行测试，工作量大。

中间样品系指原始样品经预处理后的样品，如氰化物、挥发酚、氨氮等原始样品经蒸馏后的待测样品及砷、汞、镉等金属消解后的样品。利用中间样品进行稀释，可减少试剂用量，也方便操作。利用中间样品进行稀释要注意预处理后的样品经稀释后，样品中某些组分浓度的变化，如氰化物要用 0.1% 氢氧化钠溶液稀释。有些样品稀释时，需按一定比例添加对分析有影响的组分，以减小样品组分的变化。

利用分析后样品进行稀释，是最方便的方法。一般凡能在样品分析后进行稀释的就不必采用原始样品或中间样品稀释，因为稀释倍数易确定，重新稀释也方便。如酚二磺酸光度法测定硝酸盐氮，样品经一系列程序，在显色后发现样品吸光值高于规定范围时，可将显色后的样品用水稀释后再测定即可。采用分析后样品稀释时，要注意相同处理的空白对比，因为显色剂本身对测定结果有影响。一般显色后样品稀释以负误差为多，可采取配制一定量的空白溶液作为分析后样品的稀释溶剂。

光度法分析的样品大多可在显色后稀释，如氨氮、硝酸盐氮、亚硝酸盐氮、总氰、总砷、六价铬、总磷、总氮、铁、锰等；宜采用中间样品稀释的有挥发酚、汞、镉、铅等；必须采用原始样品稀释的项目有化学需氧量、生化需氧量等。

样品的稀释误差来源于量器误差及由于溶剂组分与样品溶剂组分的差异而引起的分析误差。样品的稀释误差主要由量器误差决定，即由移液管和容量瓶的误差决定。吸取和定量的体积越大，相对误差越小；稀释的次数越少，相对误差越小。因此，降低样品的稀释误差，首先要选择适宜的溶剂，尽可能不要引起样品组分的变化；其次要尽可能少稀释，选择较大的取样量和定容体积；此外能使用分析后样品稀释的不使用原始样品和中间样品稀释，能使用中间样品稀释的不用原始样品稀释，就可有效地降低样品稀释误差。

二、水样的消解

消解就是用氧化性酸和混合酸（或碱）处理水样的过程。当测定含有机物水样中的无机组分时，水样需要进行消解处理。水样消解的目的是破坏有机物，溶解悬浮固体，将预测元素氧化成单一高价态或转化成易于分离的无机化合物，并消除有机物对测定的干扰。

目前，常见的消解方法有湿法消解、微波消解和紫外光消解。

1. 湿法消解

湿法消解适用于清洁的地表水和地下水、微污染源水、污水以及水体沉积物等环境样品的预处理；常用的酸有硝酸、硫酸、高氯酸和磷酸，常用的氧化剂有高锰酸钾、过氧化氢、硝酸和高氯酸等，常用的碱有氢氧化钠、氨水和过氧化氢溶液。

（1）硝酸消解　主要由于较清洁的水样消解。具体操作方法是：取混匀水样 50～200mL 于锥形瓶中，加入 5～10mL 浓硝酸，在电热板上加热消解至水样清澈透明，呈浅色或无色为止。若有沉淀，应过滤，滤液冷却至常温后于 50mL 定量瓶中定容，备用。

（2）硝酸-硫酸消解　硝酸-硫酸为常用的消解组合，硝酸和硫酸比例为5：2。硫酸为高沸点酸，二者混合使用可明显提高水样的消解温度和消解效果，故该法适于各种类型水样的消解，但当水样中含有能生成难溶硫酸盐的组合时，如钡离子，不宜常用此方法。

（3）硝酸-高氯酸消解　硝酸和高氯酸均为强氧化酸，二者混合使用能氧化含难氧化有机物的水样。具体操作方法为：先加硝酸处理，稍冷后再加入高氯酸。消解过程中，不得把高氯酸加入含有机物的热溶液中，任何情况下不得将高氯酸水解的水样蒸干。因为高氯酸能与含羟基有机物发生剧烈反应，生成高氯酸酯，有发生爆炸的危险，消解时必须十分小心。

（4）硫酸-磷酸消解　硫酸具有较强的氧化性，磷酸能与一些金属离子络合，二者结合消解有利于消除 Fe^{3+} 等离子对水样测定的干扰。

（5）硫酸-高锰酸钾消解　用于消解测定汞。高锰酸钾为强氧化剂，对有机物有较强的氧化作用，但高锰酸钾的颜色可能会干扰后续测定，消解结束后需要滴加盐酸羟胺溶液破坏过量的高锰酸钾。

（6）多元消解　在某些情况下，需要常用三元以上酸或氧化剂消解。例如，处理测总铬水样时，可采用硫酸-磷酸-高锰酸钾多元体系消解；进行全元素测定时，需采用硝酸-盐酸-氢氟酸消解。

（7）碱消解　当酸消解易出现挥发组分时，为避免组分损失，可采用氢氧化钠-过氧化氢、氨水-过氧化氢、氢氧化钠-高锰酸钾等体系碱消解。

2. 微波消解

微波是指频率为 $300 \sim 300000 MHz$ 的电磁波，民用微波频率一般采用 $2450 MHz$，所对应的能量大约为 $0.96 J/mol$，能级属于范德华力（分子间作用力）的范畴，能穿透用一些非导体材料制作的容器（如石英或玻璃制品、塑料 PTFE 制品），直接作用于其中的水样或溶液，使水样或溶液中的极性分子产生剧烈振动、摩擦，并同时吸收微波能，达到水样或溶液快速升温，水样中的物质随即被撕裂、振碎、破坏而快速分解消化。微波法与微波频率、物质的介电常数有关。微波频率越高，输入的能级越高，消化效果越好；物质的介电常数越高，吸收的微波能也越高，消化的效果也越好。

与传统加热相比，微波加热具有以下优点：①加热快速均匀；②密封消解时容器产生的压力提高了溶样酸的沸点，温度可达 350℃，压力可达 20MPa，利于难消解组分的充分消解；③密封消解时，能消除样品污染和减少外界影响，利于提高测定的准确度；④减少了水样消解过程中的热散失和挥发组分排放，节能环保。从科学原理上讲，传统的酸消解均可采用微波消解替换，但为了确保消解完全，需要根据水样测定项目优化微波消解条件。

3. 紫外光消解

紫外光消解是利用紫外光（UV）和氧化剂相结合的一种湿式催化氧化方法。其原理是在常温常压条件下，利用紫外光的能量激发，使氧化剂分解产生氧化能力强、反应速率快、反应彻底的羟基自由基（·OH）等基团，从而氧化传统酸、碱氧化剂难以氧化分解或消解的难降解有机物。消解过程不产生二次污染，且消解完全、彻底。

三、水样的分离与富集

在水污染控制过程中，水样测试组合主要为常见的常量组分和微量组分，将它处理成溶液后，便可直接进行测定。但在水污染防治的环境科学研究中，常常遇到水样痕量组分和成分比较复杂的情况，在测定其中某一组分时，共存的其他组分产生干扰或者其待测组分含量过低时，需要富集后才能测定。

采用掩蔽剂消除干扰是一种比较简单、有效的方法，但在很多情况下，采用掩蔽方法还不能解决问题，这就需要将被测定组分与干扰组分分离。有时试样中被测组分的含量极微，而测定方法的灵敏度不够，这时可在分离干扰组分的同时，把被测组分富集起来，然后进行测定。例如测定海水中的痕量铀，通常 1L 海水中只有 $1\sim2\mu g$，往往不能直接进行测定，如果把 1L 海水最后处理成 10mL 溶液，等于将 U（Ⅵ）的浓度提高了 100 倍，这就可解决测定方法灵敏度不够的问题。

被测组分与干扰组分的分离或富集达到什么程度才算合乎要求呢？这要看具体情况而定。分离的效果一般用回收率来衡量：

$$回收率=\frac{分离后测得的量}{原来含量}\times100\% \tag{3-1}$$

在实际工作中，随着被测组分含量的不同，对回收率的要求也不同。在一般情况下，对于含量在 1% 以上的组分，回收率应在 99% 以上；对于微量组分，回收率为 95%、90% 或更低一些也是允许的。

常用分离或富集方法有沉淀分离法、液-液萃取分离法、离子交换分离法、色谱分离法、蒸馏和挥发分离法，另外还有过滤、汽提、顶空、固相萃取、固相微萃取和液相微萃取等。

（一）沉淀分离法

沉淀分离法是利用被测组分或干扰组分发生化学沉淀反应而进行分离的方法。在水样测定过程中，加入适当的沉淀剂，使被测组分沉淀出来，或将干扰组分沉淀去除，从而达到分离的目的。方法的原理为溶度积原理，常见的沉淀产物有氢氧化物、硫化物、碳酸盐、硫酸盐、磷酸盐和氟化物等。

1. 氢氧化物沉淀法

根据沉淀产物溶度积，可以调节、控制水样的 pH 值或 OH^- 浓度，计算被测组分或干扰组分沉淀析出量，例如，某水样 $[Fe^{3+}]$ 为 0.01 mol/L，对某金属离子分析测试带来干扰，已知 $Fe(OH)_3$ 的 $K_{sp}=4\times10^{-38}$，需要使溶液中残留 Fe^{3+} 浓度降到 10^{-6} mol/L 以下来消除干扰，请设计适宜的方法。

根据溶度积原理，调节水样 pH 值：

$$[OH^-]=\sqrt[3]{4\times10^{-38}/10^{-6}}=3.4\times10^{-11} \text{mol/L}$$

$$pOH=10.5 \quad pH=3.5$$

即调节水样 pH 值至 3.5 时，Fe^{3+} 浓度的干扰可以在充分沉淀后消除。

2. 硫化物沉淀法

根据各种硫化物的溶解度相差比较大的特点，在控制适宜 pH 值条件下，投加不同浓度的 S^{2-}，分别沉淀去除或定量分离共存的多种金属离子，从而实现组分的分离。

由于硫化物沉淀大多是胶状沉淀，共沉淀现象较严重，此时可采用硫代乙酰胺进行均匀沉淀，也可以在定量分离时投加助凝剂，改善沉淀分离效果。

3. 其他无机沉淀法

（1）硫酸盐沉淀法　用于 Ca^{2+}、Sr^{2+}、Ba^{2+}、Ra^{2+}、Pb^{2+} 与其他金属离子的分离。其中 $CaSO_4$ 的溶解度较大，加入适量乙醇可降低其溶解度；$PbSO_4$ 可溶于 NH_4Ac，借此可使 Pb^{2+} 与其他的微溶性硫酸盐沉淀产物分离。

（2）氟化物沉淀法　用于 Ca^{2+}、Sr^{2+}、Mg^{2+}、Th^{4+}、稀土元素与其他金属离子分离，通常用 HF 或 NH_4F 作沉淀剂。

（3）磷酸盐沉淀法　　不少金属离子均能生成磷酸盐沉淀。如强酸性溶液（1＋9）H_2SO_4 中能沉淀 Zr 和 Hf，在（1＋75）的 HNO_3 中，$BiPO_4$ 可完全沉淀。

4. 有机沉淀剂分离

（1）草酸沉淀法　　草酸在 pH≤1 时可定量沉淀 Th^{4+} 和稀土；在 pH≈5 时，加 EDTA 可定量沉淀 Ca^{2+}、Sr^{2+} 和 Ba^{2+}。

（2）铜铁试剂（N-亚硝基苯胺）沉淀法　　在强酸性介质中，Cu^{2+}、Fe^{3+}、Zr^{4+}、Ti^{4+}、Ce^{4+}、Sn^{4+}、V(V)、Nb(V)、Ta(V) 等能定量地析出沉淀。在微酸性介质中，除上述离子外 Al^{3+}、Zn^{2+}、Co^{2+}、Mn^{2+}、Th^{4+}、Be^{2+}、Ga^{3+}、In^{3+}、Tl^{3+} 也能定量地析出沉淀。

（3）铜铁试剂主要用于在（1＋9）的 H_2SO_4 介质中沉淀 Fe^{3+}、Ti^{4+}、V（V），而与 Al^{3+}、Co^{2+}、Ni^{2+} 等分离。所得螯合物沉淀易溶于 $CHCl_3$ 等有机溶剂中，因此也可应用于液-液萃取分离。

（4）铜试剂（二乙氨基二硫代甲酸钠，DDTC）　　铜试剂能与很多金属离子生成微溶性的螯合物沉淀，铜试剂常用于重金属离子沉淀而与 Al^{3+}、稀土和碱土金属离子等分离。

（二）汽提、顶空和蒸馏法

汽提、顶空和蒸馏法适用于测定水样易挥发组分的预处理。在水样预处理时，向水样中通入惰性气体或对水样加热，将被测易挥发组分吹出或蒸出，达到分离和富集的目的。

1. 汽提法

该法是把惰性气体（氮气或氩气）通入被预处理的水样中，将欲测组分吹出，直接送入仪器测定，或导入吸附柱（或吸收液）吸收富集后再测定。该法适于被测组分沸点较高和水溶性较大的水样。例如，用冷原子荧光法测定水样中的汞时，先将汞离子用氯化亚锡还原为原子态汞，再利用汞易挥发的性质，通入惰性气体将其吹出并送入仪器测定；用分光光度法测定水体中的硫化物时，先使之在磷酸介质中生成硫化氢，再用惰性气体载入乙酸锌-乙酸钠溶液吸收，达到与母液分离和富集的目的。

2. 顶空法

该法常用于测定挥发性有机物（VOCs）或挥发性无机物（ⅥCs）水样的预处理。测定时，先在密闭的容器中装入水样，容器上部留存一定空间，再将容器置于恒温水浴中，经过一定时间，容器内的气液两相达到平衡，欲测组分在两相中的分配系数 K 和两体积比 β 分别为：

$$K = \frac{[X]_G}{[X]_L} \tag{3-2}$$

$$\beta = \frac{V_G}{V_L} \tag{3-3}$$

式中，$[X]_G$ 和 $[X]_L$ 分别为平衡状态下欲测物 X 在气相和液相中的浓度；V_G 和 V_L 分别为气相和液相体积。

根据物料平衡原理，可以推导出被测组分在气相中的平衡浓度 $[X]_G$ 及其在水样中原始浓度 $[X]_L^0$ 之间的关系式：

$$[X]_G = \frac{[X]_L^0}{K + \beta} \tag{3-4}$$

K 值大小受温度影响，并与被处理对象的物理性质、水样组成及其各组分浓度有关。

如果向水样中加入盐析剂（如氯化钠）或升高水温，K 值将变小，有利于 $[X]_G$ 的提高；减小顶空部分体积 V_G，也有利于 $[X]_G$ 的提高。当从顶空装置取气样测得 $[X]_G$ 后，即可利用上式计算出水样中欲测物的原始浓度 $[X]_L$。

3. 蒸馏法

蒸馏法是利用水样中各污染组分具有不同的沸点而使其彼此分离的方法，最常用的办法是在水样中投加试剂使被测组分形成挥发性的化合物，并将水样加热至沸腾，然后使蒸汽冷凝，收集冷凝液，实现被测组分与水样中干扰物质的分离。蒸馏方法有常压蒸馏、减压蒸馏、水蒸气蒸馏、分馏等多种。

测定水样中的挥发酚、氰化物、氟化物时，需在酸性介质中进行常压蒸馏分离；测定水样中的氨氮时，需在微碱性介质中常压蒸馏分离。在此，蒸馏具有消解、分离和富集三种作用。

（三）液-液萃取分离法

液-液萃取分离法又叫溶剂萃取分离法，一般简称萃取分离法。这种方法是基于物质在互不相溶的两种溶剂中分配系数不同，达到组分的分离和富集。萃取分离法设备简单、操作快速、分离效果好，广泛用于痕量组分（包括有机污染物和金属元素）。但该法手工操作时工作量较大、萃取溶剂易挥发、易燃和有毒。

如果被萃取组分是有色化合物，则可以取有机相直接进行比色测定，这种方法称为萃取比色法。萃取比色法具有较高的灵敏度和选择性。

1. 萃取过程的本质

无机盐类溶于水中并发生离解时，便形成水合离子，如 $Al(H_2O)_6^{3-}$、$Zn(H_2O)_4^{2-}$、$Fe(H_2O)_2Cl_4^-$ 等，它们易溶于水而难溶于有机溶剂，这种性质称为亲水性。许多有机化合物（如油脂、萘、蒽等）难溶于水而易溶于有机溶剂，这种性质称为疏水性。如果要从水溶液中将某些无机离子萃取至有机溶剂中，必须设法将其亲水性转化为疏水性。因此萃取过程的本质，是将物质由亲水性转化为疏水性的过程。

物质亲水性强弱的规律可简单地概括如下：①凡是离子都有亲水性；②物质含亲水基团越多，其亲水性越强，常见的亲水基团有—OH、—SO₃H、—NH₂ 和—NH—等；③物质含疏水基团越多，分子量越大，其疏水性越强，常见的疏水基团有烷基（如—CH₃、—C₂H₅）、卤代烷基、芳香基（如苯基、萘基）等。

有时需要采取相反的步骤，把有机相中的物质再转入水相中，这种过程称为反萃取。萃取与反萃取配合使用，可提高萃取分离的选择性。

2. 分配定律

物质在水相和有机相中都有一定的溶解度，亲水性强的物质在水相中的溶解度较大，在有机相中的溶解度较小；疏水性强的物质则与此相反。在萃取分离过程中，达到平衡状态时，被萃取物质在有机相和水相中都有一定的浓度，它们浓度之比称为分配系数。

当有机相和水相的混合物中溶有溶质 A 时，如果 A 在两相中的平衡浓度分别为 $[A]_有$、$[A]_水$，根据分配定律：

$$K_D = \frac{[A]_有}{[A]_水} \tag{3-5}$$

式中，K_D 为分配系数，它与溶质和溶剂的特性及温度等因素有关。

分配定律的适用范围如下：①溶质的浓度应较低，若浓度较高时，应校正离子强度的影响；②溶质在两相中的存在形式相同，没有离解、缔合等副反应。

因此，分配定律一般仅适用于如 I_2 这样的简单物质的稀溶液。试验证明，I_2 在水相中的浓度（用 $[I_2]_{H_2O}$ 表示）$<0.2g/L$ 时，它在水和 CCl_4 中的分配系数 K_D 是一常数；浓度大时，K_D 值增大。

3. 分配比

在分析工作中，常遇到溶质在水相和有机相中具有多种存在形式的情况，此时分配定律就不适用。通常把溶质在有机相中各种存在形式的总浓度 $C_有$ 与在水相中各种存在形式的总浓度 $C_水$ 之比称为分配比，用 D 表示：

$$D=\frac{C_有}{C_水} \tag{3-6}$$

当两相的体积相等时，若 $D>1$，则说明溶质进入有机相的量比留在水相中的量多。在实际工作中，如果要求溶质绝大部分进入有机相，则 D 值应大于10。

对于用 CCl_4 萃取 I_2 这样的简单体系，溶质在两相中的存在形式相同，则 K_D 和 D 相等：

$$K_D=D=\frac{[I_2]_有}{[I_2]_水} \tag{3-7}$$

在复杂体系中，K_D 和 D 不相等。D 值的表示式有时虽然很复杂，但它的数值容易测得。

4. 萃取百分率

在实际工作中，常用萃取百分率 E 来表示萃取的完全程度。萃取百分率是物质被萃取到有机相中的百分率：

$$E=\frac{被萃取物质在有机相中的总量}{被萃取物质的总量}\times100\% \tag{3-8}$$

E 与 D 的关系如下：

$$E=\frac{D}{D+\dfrac{V_水}{V_有}}\times100\% \tag{3-9}$$

式中，$V_有$、$V_水$ 分别为有机相和水相的体积。当采用等体积溶剂进行萃取时，即 $V_有=V_水$，则

$$E=\frac{D}{D+1}\times100\% \tag{3-10}$$

上式说明，当有机相和水相体积相等时，若 $D=1$，则萃取一次的萃取百分率为50%；若要求萃取一次后的萃取率大于90%，则 D 必须大于9。

同量的萃取溶剂，分几次萃取的效率比一次萃取的效率高。但应注意，增加萃取次数会增加萃取操作的工作量和操作中引起误差，而在实际工作中很少采用。

5. 分离系数

用萃取法分离 A、B 两种物质时，其分离效果取决于两者在萃取体系中的分配比的差别，一般用分离系数 β 来表示分离效果。

$$\beta=\frac{D_A}{D_B} \tag{3-11}$$

为达到分离目的，不仅要求目标物质 A 具有高的萃取效率，而且要求与共存组分间具有良好的分离效果。故如果 D_A 与 D_B 数值相差很大，则两物质可以定量分离；若 D_A 与 D_B

值相近，则 β 值接近于 1，此时两物质以相差不多的萃取率进入有机相，一般难以定量分离。

常用的萃取剂有二硫化碳、四氯化碳、氯仿、二氯甲烷、己烷、苯、甲苯、甲基异丁酮、乙酸乙酯等。萃取后的组分可直接用于分光光度法、原子吸收法、气相色谱法等测定，或蒸去有机溶剂后采用发射光谱法、电化学法测定。

（四）吸附分离法

吸附法是利用多孔状固体吸附剂处理水样，如沸石、活性炭、吸附树脂，使水样中的一种或多种组分被吸附，而达到分离、富集的目的。吸附按吸附剂与吸附质间作用力的不同分为物理吸附和化学吸附两类。在水污染控制研究中，常采用沸石、活性炭吸附分离、富集痕量污染物，然后采用加热、投加再生剂使之脱附或解吸。该法适合于低浓度污染物的分离、富集，操作简单，能大量处理水样。

（五）离子交换分离法

离子交换分离法是利用离子交换剂与水样中的离子之间所发生的交换反应来进行分离的方法。这种方法的分离效果很高，不仅用于带相反电荷的离子之间的分离，还可用于带相同电荷或性质相近的离子之间的分离，同时还广泛地应用于微量组分的富集和高纯物质的制备。常用的离子交换树脂有阳离子交换树脂、阴离子交换树脂和螯合型离子交换树脂。该法的缺点是操作较麻烦，工作周期长，一般局限于解决某些比较复杂的分离问题时采用。

（六）液相色谱分离法

液相色谱分离法又称为层析分离法。除离子交换色谱分离法外，还有吸附色谱分离法、萃取色谱分离法等。

色谱分离法若在充填硅胶、活性氧化铝、纤维素等载体的柱上进行，称为柱上色谱分离法；若用滤纸作为载体，称为纸上色谱分离法。这里主要介绍纸上萃取色谱分离法。

1. 纸上萃取色谱分离法

与萃取分离法相似，萃取色谱分离法也是根据不同物质在两相间的分配比不同而进行分离的。

纸上萃取色谱分离法是用滤纸作为载体，将待分离的试液用毛细管滴在滤纸的原点位置上，利用纸上吸湿的水分（一般的纸吸收约等于本身质量 20% 的水分）作为固定相，另取一有机溶剂作流动相（展开剂）。流动相由于毛细管作用，自下而上地不断上升，流动相上升时，与滤纸上的固定相相遇，这时被分离的组分就在两相间一次又一次地分配（相当于一次又一次的萃取），分配比大的组分上升得快，分配比小的组分上升得慢，从而将它们逐个分开。经一定时间后，取出滤纸，喷上显色剂显斑，可以得到含有不同组分的色谱图。

2. 其他的萃取色谱分离方法

（1）反相萃取色谱分离法　前面介绍的萃取色谱分离法是以水相作固定相、有机相作流动相。用有机相作固定相、水相作流动相的萃取色谱分离法称为反相萃取色谱分离法。

反相萃取色谱分离法可以进行柱上操作，也可以进行纸上操作。它的主要优点是可以节省有机溶剂，特别是进行柱上操作时，可直接取水溶液进行测定，而不必破坏有机溶剂。

（2）薄层萃取色谱分离法　在玻璃板上涂布一薄层的载体（如纤维素、硅胶、活性氧化铝等）一般厚度为 0.25mm，用它代替滤纸，进行色谱分离。

薄层萃取色谱分离法的速度比纸上萃取色谱分离法快，目前广泛地应用于有机分析中。

第四章 分析测试的数据处理与成果解释

水环境是一个开放的系统，具有成分复杂、随机多变，时间、空间尺度和数量级别分布宽泛等特点。开展水污染防治研究或水污染控制工程实验需要进行一系列测定，以获取大量的第一手数据，进行科学研究、理论验证和工程技术开发。实践表明，所有实验研究都存在误差，同一项目的多次重复测量结果都会有差异，即实验值与真实值之间存在差异。导致这种差异的成因有很多，诸如实验环境、实验条件、实验设备、实验技术、实验方法、实验人员及其技术水平等。因此，实验过程中绝不能认为取得了实验数据就算完成任务，还需要对测试对象进行分析研究，估计测试结果的可靠程度，并对取得的数据给予合理的解释；对所得数据加以处理，并用一定的方式表示出各数据之间的相互关系，形成研究成果。

第一节 基本概念

一、测试数据的"五性"

从质量保证和质量控制的角度出发，为了使实验室测定的实验数据能够准确地反映水环境质量现状或污水水质，要求所取得的测试数据具有代表性、准确性、精密性、可比性和完整性。

1. 代表性

代表性是指在采样点、生产过程或环境条件中某些参数发生变化时，所采集样品能真实地反映实际情况的程度，或在具有代表性的时间、地点，按规定的采样要求采集有效样品，所采样品能有效反映环境总体的真实状况。

2. 准确性

准确性是指测定值与真实值的符合程度，它受水样预处理和分析测试的各个环节的影响，是反映分析方法存在的系统误差和随机误差的综合指标。

准确性采用绝对误差和相对误差表示。实验过程中可用标准样品测量或标准样品回收实验测定某分析方法的系统误差，评价其准确度。

3. 精密性

精密性是指分析测试结果所具有的平行性、重复性和再现性特征，指按规定的程序、要求或在受控条件下重复分析均一样品所得测定值之间的一致性程度。它反映了分析方法存在的随机误差大小。测试结果的随机误差越小，测试的精密度越高。

所谓平行性，是指在同一实验室中，当分析人员、分析设备和分析时间都相同时，用同一分析方法对同一样品进行双份或多份平行样测试结果之间的符合程度。

所谓重复性，是指在同一实验室中，当分析人员、分析设备和分析时间中的任一项不相同时，用同一分析方法对同一样品进行双份或多份平行样测试结果之间的符合程度。

所谓再现性，是指用相同的方法，对同一样品在不同条件下获得的单个结果之间的一致程度。不同条件是指不同实验室、不同分析人员、不同设备和不同时间。

精密度通常采用极差、平均偏差和相对平均偏差、标准偏差和相对标准偏差表示。在进行精密度考察时，常常需要取两个或两个以上不同浓度水平的样品进行检查，并需要保证足够多的测量次数，以提高标准偏差的可靠程度。

4. 可比性

可比性是指不同测试方法测定同一水平的某污染物时，所得出结果的吻合程度。在环境标准样品的定值时，使用不同标准分析方法得出的数据应具有良好的可比性。可比性要求各实验室之间对同一样品的测试结果应相互可比，也要求每个实验室对同一样品的测试结果应该达到相关项目之间的数据可比，相同项目在没有特殊情况下，历年同期的数据也可比。

5. 完整性

指测试得到的有效数据的量与在正常条件下所期望得到的数据的比较，其强调的是完成整个工作计划，保证按预期计划取得在时间、空间上有系统性、周期性和连续性的有效样品，且完整地获得这些样品的测试结果及其相关信息。

实验过程中，分析测试结果只有达到这"五性"质量指标的要求，才是真正正确可靠的，也才能在使用中具有权威性和法律性。

为了获得质量可靠的分析测试数据，世界各国都严格制定和推行质量保证计划。只有取得合乎质量要求的测试结果，才能正确地指导人们认识环境、评价环境、管理环境、治理环境和保护环境，避免盲目行动对环境造成不良影响或不良后果，这就是实施分析测试质量控制的意义所在。

二、灵敏度

灵敏度是指某方法对单位浓度或单位量待测物质变化所产生的响应量的程度。它可以用仪器的响应量或其他指示量与对应的待测物质的浓度或量之比来描述。如分光光度法常以校准曲线的斜率度量灵敏度。一个方法的灵敏度可因实验条件的变化而改变。在一定的实验条件下，灵敏度具有相对的稳定性。

灵敏度的表示方法如下。

（1）校准曲线　通过校准曲线可以把仪器响应量与待测物质的浓度或量定量地联系起来，其中标准曲线直线部分所对应待测物浓度或量的变化范围为该方法的线性范围，用公式表示为：

$$S = RC + a \qquad (4\text{-}1)$$

式中，S 为仪器响应值；C 为待测物质浓度；R 为方法灵敏度，即校准曲线的斜率；a 为校准曲线的截距。

（2）特征浓度和特征含量　国际纯粹与应用化学联合会（IUPAC）把能产生 1% 吸收的被测元素浓度或含量定义为特征浓度或特征含量，它们可用于比较低浓度或低含量区域校准曲线的斜率。

（3）摩尔吸光系数 ε　指分光光度法中，当测量光程为 1cm，待测物质浓度为 1mol/L 时，相对应的待测物质的吸光度 ε 越大，方法的灵敏度越高。

（4）1% 吸光值（即 0.0044 吸光度）　在原子吸收光谱中，以产生 1% 吸光值相对应的浓度作为灵敏度。

（5）物质响应值的变化率　在气相色谱中，灵敏度是指通过测试待测物质的变化时，该物质响应值的变化率。

三、检出限、测定下限和测定上限

检出限为某特定分析方法在给定的置信度内可从样品中检出待测物质的最小浓度或最小

量。所谓检出是指定性检出，即判定样品中存在浓度高于空白的待测物质。国际纯粹与应用化学联合会（IUPAC）规定检出限为：信号为空白测量值（至少 20 次）的标准偏差的 3 倍所对应的浓度（或质量），即置信度为 99.7% 时被检出的待测物质的最小浓度或最小量。分析方法不同，检出限的规定有所区别。

测定下限是指在满足分析误差要求的前提下，用特定方法能够准确地定量测定待测物质的最低浓度或最小量。国际纯粹与应用化学联合会（IUPAC）规定为信号空白测量值标准偏差的 10 倍所对应的浓度或质量。

测定上限是指在满足分析误差要求的前提下，用特定方法能够准确地定量测定待测物质的最大浓度或最大量。

四、最佳测定范围

最佳测定范围也称有效测定范围，指在误差能满足预定要求的前提下，特定方法的测定下限至测定上限之间的浓度范围。在此范围内能够准确地定量测定待测物质的浓度或量。

最佳测定范围应小于方法的适用范围。对测量结果的精密度要求越高，相应的最佳测定范围越小。其分析方法特性关系如图 4-1 所示。

五、校准曲线

校准曲线包括标准曲线和工作曲线，前者用标准溶液系列直接测定，没有经过样品的预处理过程，

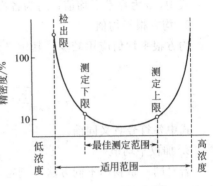

图 4-1　分析方法特性关系

这对于工业废水或复杂的样品往往造成较大误差；而后者所使用的标准溶液经过了与样品相同的消解、净化和测定全过程。

应用校准曲线的分析方法都是在样品测得信号值后，从校准曲线上查得其含量或浓度。因此，校准曲线绘制得是否准确，直接影响到样品分析结果的准确与否。此外，校准曲线也确定了分析范围。

校准曲线绘制应注意：①对标准系列应先做空白，然后绘制标准曲线；②标准溶液一般可直接测定，但如样品的预处理较复杂致使污染或损失不可忽略时，应和样品进行同样处理后再测定，并做工作曲线；③校准曲线的斜率常随环境温度、试剂批号和贮存时间等实验条件的改变而变动。因此，在测试样品的同时绘制校准曲线最为理想，否则需要同时平行测定零浓度和中等浓度标准溶液各两份，取均值相减后与原校准曲线上的相应点核对，其相对差值根据方法精密度不得大于 5%～10%，否则应重新绘制校准曲线。

第二节　误差的基本概念

受人们认识能力和科学技术水平的限制，样品的测试结果与真值之间总是存在差异，这种差异叫误差。任何测试结果都具有误差，误差存在于分析测试的全过程。

一、真值与平均值

实验过程中要做各种测试工作，由于仪器、测试方法、环境温度、人的观察力等都不可能做到完美无缺，我们无法测得真值（真实值）。如果我们对同一样品进行无限多次测试，

然后基于正负误差出现概率相等的假设，可以求得各测试值的平均值，此值为接近真值的数值。一般来说，测试的次数总是有限的，用有限的测试次数求得的平均值，只能是真值的近似值。

常用的平均值有下列几种：①算术平均值；②均方根平均值；③加权平均值；④中位值（或中位数）；⑤几何平均值。计算平均值方法的选择，主要取决于一组观测值的分布类型。

1. 算术平均值

算术平均值是最常用的一种平均值，当观测值呈正态分布时，算术平均值最近似真值。算术平均值定义为

$$\overline{x} = \frac{x_1 + x_2 + \cdots + x_n}{n} = \frac{1}{n}\sum_{i=1}^{n} x_i \tag{4-2}$$

式中，$\overline{x}$ 为算术平均值；x_i 为各次观测值，$i = 1, 2, \cdots, n$；n 为观测次数。

2. 均方根平均值

均方根平均值应用较少，其定义为

$$\overline{x} = \sqrt{\frac{x_1^2 + x_2^2 + \cdots + x_n^2}{n}} = \sqrt{\frac{\sum_{i=1}^{n} x_i^2}{n}} \tag{4-3}$$

式中各符号意义同前。

3. 加权平均值

若对同一事物用不同方法去测定，或者由不同的人去测定，计算平均值时，常用加权平均值。计算公式为

$$\overline{x} = \frac{w_1 x_1 + w_2 x_2 + \cdots + w_n x_n}{w_1 + w_2 + \cdots w_n} = \frac{\sum_{i=1}^{n} w_i x_i}{\sum_{i=1}^{n} w_i} \tag{4-4}$$

式中，w_i 为与各观测值相应的权数，$i = 1, 2, \cdots, n$；各观测值的权数 w_i 可以是观测值的重复次数，观测者在总数中所占的比例，或者根据经验确定。

4. 中位值

中位值是指一组观测值按大小次序排列的中间值。若观测次数是偶数，则中位值为正中两个值的平均值。中位值的最大优点是求法简单。只有当观测值的分布呈正态分布时，中位值才能代表一组观测值的中心趋向，近似于真值。

5. 几何平均值

如果一组观测值是非正态分布，当对这组数据取对数后，所得图形的分布曲线更对称时，常用几何平均值。

几何平均值是一组 n 个观测值连乘并开 n 次方求得的值，计算公式为

$$\overline{x} = \sqrt[n]{x_1 \cdot x_2 \cdot \cdots \cdot x_n} \tag{4-5}$$

也可用对数表示为

$$\lg \overline{x} = \frac{1}{n}\sum_{i=1}^{n} \lg x_i \tag{4-6}$$

二、误差的分类

1. 系统误差

系统误差又称作可测误差，是指在多次测定同一量时，某测定值与真值之间的误差的绝对值，可以修正或消除。

2. 随机误差

随机误差又称偶然误差，是由测定过程中各种随机因素共同作用造成的。在实际测试条件下，多次测定同一量时，误差的绝对值和符号的变化时大时小、时正时负，但服从正态分布。随机误差产生的原因是由许多不可控制或未加控制因素的微小波动引起的，如环境温度变化、电源电压微小波动、仪器噪声变化、分析人员判别能力和熟练操作水平的差异等，它可以减小，但不能消除。减小随机误差的方法是增加测定次数。

3. 过失误差

过失误差，又称错误，是由于操作人员工作粗枝大叶、过度操劳或操作不正确等因素引起的，是一种与事实明显不符的误差。过失误差是可以避免的。

三、误差的表示方法

1. 绝对误差与相对误差

(1) 绝对误差 对某一指标进行测试后，测定值与其真值之间的差值称为绝对误差，即

$$绝对误差＝测定值－真值 \tag{4-7}$$

绝对误差用以反映测定值偏离真值的大小，其单位与测定值相同。

(2) 相对误差 绝对误差与真值的比值称为相对误差，即

$$相对误差＝\frac{绝对误差}{真值}×100\% \tag{4-8}$$

2. 绝对偏差与相对偏差

(1) 绝对偏差 对某一指标进行多次测试后，某一观测值与多次观测值的均值之差，称为绝对偏差，即

$$d_i = x_i - \bar{x} \tag{4-9}$$

式中，d_i 为绝对偏差；x_i 为观测值；$\bar{x}$ 为全部观测值的平均值。

(2) 相对偏差 绝对偏差与平均值的比值称为相对偏差，常用百分数表示，即

$$相对偏差＝\frac{d_i}{x}×100\% \tag{4-10}$$

3. 平均偏差与相对平均偏差

(1) 平均偏差 观测值与平均值之差的绝对值的平均值称为平均偏差，即

$$\bar{d} = \frac{\sum_{i=1}^{n}|x_i - \bar{x}|}{n} = \frac{\sum_{i=1}^{n}|d_i|}{n} \tag{4-11}$$

式中，$\bar{d}$ 为算术平均偏差；n 为观测次数。

(2) 相对平均偏差 平均偏差与平均值的比值称为相对平均偏差，即

$$相对平均偏差＝\frac{\bar{d}}{x}×100\% \tag{4-12}$$

4. 标准偏差与相对标准偏差

（1）标准偏差（均方根偏差、均方偏差、标准差） 各观测值与平均值之差的平方和的算术平均值的平方根称为标准偏差，其单位与实验数据相同。计算式为

$$s = \sqrt{\frac{\sum\limits_{i=1}^{n}(x_i - \overline{x})^2}{n}}$$ (4-13)

式中，s 为标准偏差。

在有限观测次数中，标准偏差常用下式表示：

$$s = \sqrt{\frac{\sum\limits_{i=1}^{n}(x_i - \overline{x})^2}{n-1}}$$ (4-14)

由式(4-14)可以看到，观测值越接近平均值，标准偏差越小；观测值与平均值相差越大，则偏差越大。

（2）相对标准偏差 相对标准偏差又称变异系数，是样本的标准偏差与平均值的比值，前者记为 RSD，后者记为 CV。计算式为

$$RSD(CV) = \frac{s}{\overline{x}} \times 100\%$$ (4-15)

5. 极差

极差是指一组观测值中的最大值与最小值之差，是用以描述实验数据分散程度的一种特征参数。计算式为

$$R = x_{max} - x_{min}$$ (4-16)

式中，R 为极差；x_{max} 为观测值中的最大值；x_{min} 为观测值中的最小值。

【例 4-1】 已知某标准水样中 COD 的含量为 111mg/L，用重铬酸钾标准法测定，两次测试的结果分别为 114mg/L、113mg/L、108mg/L、116mg/L、109mg/L 和 114mg/L、110mg/L、110mg/L、108mg/L、103mg/L，试分别计算其误差。

解： ① 计算平均值，并求出第一次测试结果中测定值 109mg/L 的绝对误差、相对误差、绝对偏差和相对偏差。

据式(4-2)和式(4-7)~式(4-10)有

平均值：

$$\overline{x}_1 = \frac{114 + 113 + 108 + 116 + 109}{5} = 112(mg/L)$$

$$\overline{x}_2 = \frac{114 + 110 + 110 + 108 + 103}{5} = 109(mg/L)$$

绝对误差：$109 - 111 = -2$ （mg/L）

相对误差：$\dfrac{109 - 111}{111} \times 100\% = -1.8\%$

绝对偏差：$109 - 112 = -3$ （mg/L）

相对偏差：$\dfrac{109 - 112}{112} \times 100\% = -2.7\%$

② 据式(4-11)和式(4-12)计算平均偏差和相对平均偏差。

第一组测试，平均偏差为

$$\overline{d}_1 = \frac{\sum_{i=1}^{n} |x_i - \overline{x}|}{n} = \frac{\sum_{i=1}^{n} |d_i|}{n}$$

$$= \frac{|114-112| + |113-112| + |108-112| + |116-112| + |109-112|}{5}$$

$$= 2.8(\text{mg/L})$$

相对平均偏差为

$$\frac{2.8}{112} \times 100\% = 2.5\%$$

第二组测试，平均偏差为

$$\overline{d}_2 = \frac{|114-109| + |110-109| + |110-109| + |108-109| + |103-109|}{5} = 2.8(\text{mg/L})$$

③ 据式(4-13)~式(4-15)计算标准偏差和相对标准偏差。

第一组测试，标准偏差为

$$s_1 = \sqrt{\frac{\sum_{i=1}^{n}(x_i - \overline{x})^2}{n-1}}$$

$$= \sqrt{\frac{(114-112)^2 + (113-112)^2 + (108-112)^2 + (116-112)^2 + (109-112)^2}{4}}$$

$$= 3.39 \ (\text{mg/L})$$

相对标准偏差为

$$\text{RSD}_1 = \frac{s}{\overline{x}} \times 100\%$$

$$= \frac{3.39}{112} \times 100\% = 3.0\%$$

第二组测试，标准偏差为

$$s_2 = \sqrt{\frac{\sum_{i=1}^{n}(x_i - \overline{x})^2}{n-1}}$$

$$= \sqrt{\frac{(114-109)^2 + (110-109)^2 + (110-109)^2 + (110-109)^2 + (103-109)^2}{4}}$$

$$= 4.00 \ (\text{mg/L})$$

相对标准偏差为

$$\text{RSD}_2 = \frac{s}{\overline{x}} \times 100\%$$

$$= \frac{4.00}{109} \times 100\% = 3.7\%$$

④ 据式(4-16)计算极差：

$$R_1 = x_{\max} - x_{\min} = 116 - 109 = 7 \ (\text{mg/L})$$

$$R_2 = 114 - 103 = 11 \ (\text{mg/L})$$

上述计算结果表明，虽然第一组测试所得的结果彼此比较接近，第二组测试的结果较离散，但用算术平均偏差表示时，二者所得结果相同。而标准偏差则能较好地反映测试结果与真值的离散程度。

算术平均偏差的缺点是无法表示出各次测试间彼此符合的情况。因为在一组测试中偏差彼此接近的情况下，与另一组测试中偏差有大、中、小三种情况下，所得的算术平均误差可能完全相等。标准偏差对测试中的较大误差或较小误差比较灵敏，所以它是表示精密度较好的方法，是表明实验数据分散程度的特征参数。

极差的缺点是只与两极端有关，而与观测次数无关，用它反映精密度的高低比较粗糙，但其计算简便，在快速检验中可用以度量数据波动的大小。

工程实践中，由于真值不易测得，实际应用时常将偏差称为误差。

第三节　实验数据的统计处理

在水污染防治工作中，常需要处理各种复杂的测试数据。这些数据经常表现出波动，即使是在相同条件下，获得的实验数据也会有所差异。对此，需要采用数理统计的方法处理实验获得的数据，获取具有代表性的结果。

一、有效数字与运算

1. 有效数字

有效数字指在分析测试中实际能测定到的数字。一个有效数字是指准确测定的数字加上最后一位估读数字（又称存疑数字）所得的数字。如采用万分之一电子天平称量的最小度量为 0.0001g，当其称取的样品质量为 1.3456g，前四位 1.345 为读取的准确数字，第五位的"6"为估计数字（或可疑数字），但这五位数字都是有效数字。

实验中观测值的有效数字与仪器、仪表的刻度有关，一般可根据实际可能估计到 1/10、1/5 或 1/2。例如，滴定管的最小刻度是 1/10（即 0.1mL），百分位上是估计值，故在读数时，可读到百分位，即其有效数字是到百分位止。

数字"0"的含义与其在有效数字中的位置有关。当它表示与准确度有关的数字时或者非零数字间的"0"，为有效数字，如 5.023，四位有效数字；当它只用于表示小数点位置时，不是有效数字，如 0.008，一位有效数字；第一个非零数字前的"0"不是有效数字，如 0.0025，二位有效数字；小数点后面最后一个非零数字后的"0"为有效数字，如 3.20%，有三位有效数字；以零结尾的整数，有效数字难以判断，如 23000，可能是二位、三位、四位有效数字；若写成 2.3×10^4，则为二位有效数字。

2. 数字修约规则

在数据统计处理过程中，遇到测定的数据有效数字位数不相同时，必须舍弃一些多余的数字，以便于运算，这些舍弃多余数字的过程称为"数字修约过程"。有效数字修约应遵循"数字修约规则"（GB 8170—87）的有关规定，简述为"四舍六入五考虑，五后非零则进一，五后皆零视奇偶，五前为偶应舍去，五前为奇则进一"。例如，要求修约为只保留一位小数：11.3439，修约后为 11.3，即四舍；11.3639，修约后为 11.4，即六入；11.2502，修约后为 11.3，即五后非零则进一；11.2500，修约后为 11.2，即五后皆零视奇偶，五前为偶应舍去；若五前为零也视为偶数，如 11.0500，修约后为 11.0。11.1500，修约后为 11.2，即五后皆零视奇偶，五前为奇则进一。

以上是要求修约到只保留一位小数的例子。需要值得注意的是，若拟舍弃二位以上数字时，应按规则一次性修约，不得连续多次修约。如将 12.4548 修约成四位有效数字，应一次修约为 12.45，而不能先修约成 12.455，再二次修约成 12.46。

3. 有效数字的运算规则

在整理数据时，运算结果的位数应遵循以下规则。

① 记录测定结果时，只保留一位可疑数，其余一律弃去。

② 加减运算中，运算结果所保留的小数位数应与所给各数中小数点后位数最少的相同，即运算前先将各数据比小数点后位数最小的数据多保留一位小数，再进行计算。例如，31.52、0.683、0.0091 三个数相加时，应写为 $31.52 + 0.683 + 0.009 = 32.212$，修约后为 32.21。

③ 乘除运算中，几个数据相乘时，运算后所得的商或积的有效数字与参加运算各有效数中位数最少的相同。在实际运算中，先将各数据修约成比有效数据位数最少者多保留一位有效数字，再将计算结果按上述规则修约。

④ 乘方和开方运算中，运算结果有效数字的位数与原数据有效数字位数相同。如 $3.68^2 = 13.5424$，应修约为 13.5。

⑤ 对数与反对数运算中，计算结果的有效数字仅取决于小数部分数字的位数，因为整数部分只代表该数的方次。如对数 -5.42 实际为 3.8×10^{-6}，为二位有效数字，而不是三位。

⑥ 计算平均值时，若为 4 个数或 4 个以上数相平均，则平均值的有效数字位数可增加一位。误差和偏差计算时，有效数字通常只取一位，测定次数很多时，方可取两位，并且最多只能取两位，运算后再按规则修约到要求的位数。

应该指出，环境工程中一些公式中的系数不是用实验测得的，在计算中不应考虑其位数。

二、可疑数据的取舍

在整理分析实验数据时，有时会发现个别观测值与其他观测值相差很大，我们称这种明显偏离的数据为"离群值"，或者把这种尚未经检验断定其是离群的测定数据叫"可疑数据"。对于"离群数据"的处理一定要采用科学而慎重的态度，切不可凭主观意志随意剔除，应该进行统计判别，再基于判别结果进行处理。可疑数据可能是由于偶然误差造成的，也可能是由于系统误差和过失误差引起的。如果保留这样的数据，可能会影响平均值的可靠性，但把未经判别属于偶然误差范围内的数据任意弃去，尽管能得到精密度较高的结果，但这是不科学的。因此，在整理数据时，如何正确地判断可疑值的取舍是很重要的。

可疑值的取舍，实质上是区别离群较远的数据究竟是偶然误差还是系统误差造成的。因此，应该按照统计检验方法进行。

1. 狄克逊（Dixon）检验法

此法适用于一组测定值的一致性检验和剔除离群值，具体检验步骤如下。

① 将一组观测数据从小到大顺序进行排列成 x_1、x_2、x_3…、x_{n-1}、x_n，x_1 和 x_n 分别为最小可疑值和最大可疑值。

② 按表 4-1 求 Q 值。

表 4-1　狄克逊（Dixon）检验统计量 Q 计算公式

n 值范围	可疑数据为最小值 x_1 时	可疑数据为最大值 x_n 时	n 值范围	可疑数据为最小值 x_1 时	可疑数据为最大值 x_n 时
3～7	$Q = \dfrac{x_2 - x_1}{x_n - x_1}$	$Q = \dfrac{x_n - x_{n-1}}{x_n - x_1}$	11～13	$Q = \dfrac{x_3 - x_1}{x_{n-1} - x_1}$	$Q = \dfrac{x_n - x_{n-2}}{x_n - x_2}$
8～10	$Q = \dfrac{x_2 - x_1}{x_{n-1} - x_1}$	$Q = \dfrac{x_n - x_{n-1}}{x_n - x_2}$	14～25	$Q = \dfrac{x_3 - x_1}{x_{n-2} - x_1}$	$Q = \dfrac{x_n - x_{n-2}}{x_n - x_3}$

③ 根据给定的显著性水平（α）和样本容量（n）查表 4-2，求得临界值（Q_α）。

④ 若 $Q_\alpha \leqslant Q_{0.05}$，则可疑值为正常值；若 $Q_{0.05} \leqslant Q_\alpha \leqslant Q_{0.01}$，则可疑值为偏离值；若 $Q_\alpha > Q_{0.01}$，则可疑值为离群值，应予以剔除。

表 4-2 狄克逊（Dixon）检验临界值（Q_α）表

n	显著性水平（α）		n	显著性水平（α）	
	0.05	0.01		0.05	0.01
3	0.941	0.988	15	0.525	0.616
4	0.765	0.889	16	0.507	0.595
5	0.642	0.780	17	0.490	0.577
6	0.560	0.698	18	0.475	0.561
7	0.507	0.637	19	0.462	0.547
8	0.554	0.683	20	0.450	0.535
9	0.512	0.635	21	0.440	0.524
10	0.477	0.597	22	0.430	0.514
11	0.576	0.679	23	0.421	0.505
12	0.546	0.642	24	0.413	0.497
13	0.521	0.615	25	0.406	0.489
14	0.546	0.641			

【例 4-2】 同一污水水样中 COD 从大到小顺序排列为 45.2mg/L、46.7mg/L、46.8mg/L、46.9mg/L、47.0mg/L、47.1mg/L、47.2mg/L、47.4mg/L、47.5mg/L、47.8mg/L，检验最小值和最大值是否为离群值？

解： 已知 $n=10$，$x_1=45.2$，$x_2=46.7$，$x_{n-1}=47.5$，$x_n=47.8$，由表 4-1 计算公式得：

$$Q = \frac{x_2 - x_1}{x_{n-1} - x_1} = \frac{46.7 - 45.2}{47.5 - 45.2} = 0.65$$

查表 4-2，当 $n=10$，给定显著性水平 $\alpha=0.01$ 时，$Q_{0.01}=0.597$，$Q_\alpha > Q_{0.01}$，故最小值为离群值，应予以剔除。

同理，对于最大值，$Q = \frac{x_n - x_{n-1}}{x_n - x_2} = 0.27$，查表得 $Q_{0.01}=0.477$，$Q_\alpha < Q_{0.05}$，故最大值为正常值，应予以保留。

2. 格鲁勃斯（Grubbs）检验法

此法适用于检验多组测定值均值的一致性和剔除多组测定值的离群值，也可适用于检验一组测定值的一致性和剔除离群值，具体方法如下.

① 有 m 组观测值，每组 n 个测定值的均值分别为 x_1、x_2、x_3、…、x_{m-1}、x_m，其中最大值为 $x_{\max}$，最小值为 $x_{\min}$。

② 由 m 个均值计算总均值 $\bar{x}$ 和标准差 s

$$\bar{x} = \frac{1}{m} \sum_{i=1}^{m} x_i ; \quad s_{\bar{x}} = \sqrt{\frac{1}{m-1} \sum_{i=1}^{m} (\bar{x}_i - \bar{x})^2}$$

③ 可疑值最大值为 $x_{\max}$，最小值为 $x_{\min}$ 时，分别按下式计算 T_1、T_2；

$$T_1 = \frac{\bar{x}_{\max} - \bar{x}}{s_{\bar{x}}} ; \quad T_2 = \frac{\bar{x} - \bar{x}_{\min}}{s_{\bar{x}}} \tag{4-17}$$

④ 根据给定值组数和给定的显著性水平（α），查表 4-2，求得临界值 T_α。

⑤ 若 $T_\alpha \leqslant T_{0.05}$，则该组可疑值为正常值；若 $T_{0.05} < T_\alpha \leqslant T_{0.01}$，则该组可疑值为偏离

值；若 $T_a > T_{0.01}$，则该组可疑值为离群值，应予以剔除（即剔除一组数据）。

3. 3S 检验法

3S 检验法又称拉依达（РАЙТА）检验法。在一般情况下，当误差具有正态分布规律，并且测定次数较多时可应用该法。具体检验步骤为：先求出整个数据组的平均值 $\bar{x}$ 和标准偏差 s，后求出数据组的平均值 $\bar{x}$ 与可疑值间的差，当其平均值与可疑值之差的绝对值大于 3 倍标准差，即

$$|x_d - \bar{x}| > 3S \tag{4-18}$$

则可认为 x_d 为离群值，应该予以剔除。

三、实验数据的方差分析

方差分析是研究一种或多种因素的变化对实验结果是否具有显著性影响的数理统计方法。它的基本思想是通过分析，将由因素变化引起的实验结果差异与实验误差波动引起的差异区分开来，即将总变差或总差方和（S_T）以组内差方和或随机作用差方和（S_E）以及水平间差方和（S_A、S_B 等）表示。若因素变化引起的实验结果变化落在误差范围内，表明因素对实验结果无显著影响；反之，若因素变化引起的实验结果的变动超出误差范围，则说明因素变化对实验结果有显著影响。因此，方差分析的关键是寻找误差范围，这就需要利用 F 检验法解决这一问题。

为研究某因素不同水平对实验结果有无显著影响，设有 A_1，A_2，…，A_b 个水平，在每一水平下都进行了 a 次实验，x_{ij}（$j=1, 2, …, a$）表示在 A_i 水平下进行的实验。现通过实验数据分析，研究水平变化对实验结果有无显著影响，具体步骤如下。

（1）计算 Σ、$(\Sigma)^2$、Σ^2，见表 4-3。

（2）计算有关统计量 S_T、S_A、S_E：

$$S_T = S_A + S_E \tag{4-19}$$
$$S_A = Q - P \tag{4-20}$$
$$S_E = R - Q \tag{4-21}$$

式中，S_T 为总差方和；S_A 为组间差方和，S_E 为组内差方和。其中：

表 4-3 单因素方差分析计算表

水平	A_1	A_2	…	A_i	…	A_b	
1	x_{11}	x_{21}	…	x_{i1}	…	x_{b1}	
2	x_{12}	x_{22}	…	x_{i2}	…	x_{b2}	
…	…	…	…	…	…	…	
j	x_{1j}	x_{2j}	…	x_{ij}	…	x_{bj}	
…	…	…	…	…	…	…	
a	x_{1a}	x_{2a}	…	x_{ia}	…	x_{ba}	
Σ	$\sum_{j=1}^{a} x_{1j}$	$\sum_{j=1}^{a} x_{2j}$	…	$\sum_{j=1}^{a} x_{ij}$	…	$\sum_{j=1}^{a} x_{ij}$	$\sum_{i=1}^{b}\sum_{j=1}^{a} x_{ij}$
$(\Sigma)^2$	$\left(\sum_{j=1}^{a} x_{1j}\right)^2$	$\left(\sum_{j=1}^{a} x_{2j}\right)^2$	…	$\left(\sum_{j=1}^{a} x_{ij}\right)^2$	…	$\left(\sum_{j=1}^{a} x_{ij}\right)^2$	$\sum_{i=1}^{b}\left(\sum_{j=1}^{a} x_{ij}\right)^2$
Σ^2	$\sum_{j=1}^{a} x_{1j}^2$	$\sum_{j=1}^{a} x_{2j}^2$	…	$\sum_{j=1}^{a} x_{ij}^2$	…	$\sum_{j=1}^{a} x_{ij}2$	$\sum_{i=1}^{b}\sum_{j=1}^{a} x_{ij}^2$

$$P = \frac{1}{ab}\left(\sum_{i=1}^{b} \sum_{j=1}^{a} x_{ij} \right)^2 \tag{4-22}$$

$$Q = \frac{1}{a} \sum_{i=1}^{b} \left(\sum_{j=1}^{a} x_{ij} \right)^2 \tag{4-23}$$

$$R = \sum_{i=1}^{b} \sum_{j=1}^{a} x_{ij}{}^2 \tag{4-24}$$

（3）求自由度

$$f_T = ab - 1 \tag{4-25}$$

$$f_A = b - 1 \tag{4-26}$$

$$f_E = b(a-1) \tag{4-27}$$

式中，f_T 为 S_T 自由度，为实验次数减 1；f_A 为 S_A 的自由度，为水平数减 1；f_E 为 S_E 的自由度，为水平数与实验次数减 1 之积。

（4）列表计算 F，见表 4-4。

表 4-4　方差分析

方差来源	差方和	自由度	均方	F
组间误差（因素 A）	S_A	$f_A = b-1$	$\bar{S}_A = \dfrac{S_A}{b-1}$	$F = \dfrac{\bar{S}_A}{\bar{S}_E}$
组内误差	S_E	$f_E = b(a-1)$	$\bar{S}_E = \dfrac{S_E}{b(a-1)}$	
总和	$S_T = S_A + S_E$	$f_T = ab-1$		

（5）显著性判断　F 为该因素不同水平对实验结果所造成的影响与由于误差所造成的影响的比值。F 越大，说明因素变化对结果的影响越显著；F 越小，说明因素影响越小，判断影响显著与否由 F 表给出。

根据组间与组内自由度 $[n_1 = f_A = b-1,\ n_2 = f_E = b(a-1)]$ 与显著性水平，从 F 分布表中查出临界值 λ_α，分析判断：若 $F > \lambda_\alpha$，说明在显著性水平 α 下，因素对实验结果有显著的影响，是重要因素；反之，若 $F < \lambda_\alpha$，说明因素对实验结果无显著的影响，是一个次要因素。

显著水平的选取取决于问题的要求。通常使用 $\alpha = 0.05$ 和 $\alpha = 0.01$ 两个显著水平。$F < \lambda_{0.05}$ 时，认为因素对实验结果影响不显著；$\lambda_{0.05} < F < \lambda_{0.01}$ 时，认为因素对实验结果影响显著；$F > \lambda_{0.01}$，认为因素对实验结果影响特别显著。

【例 4-3】　采用厌氧处理糖蜜酒精废水时，不同有机物负荷率条件下 COD 去除率数据如表 4-5 所列，试进行方差分析，判断有机物负荷率因素对糖蜜酒精废水 COD 去除率的显著性。

表 4-5　有机负荷对糖蜜酒精废水 COD 去除率的影响

水平	2.0kgCOD/(m³·d)	5.0kgCOD/(m³·d)	10.0kgCOD/(m³·d)
1	50%	48%	38%
2	45%	50%	41%
3	52%	38%	42%
4	48%	44%	42%
5	47%	46%	40%

解：（1）按表 4-3 方差分析计算表列表计算见表 4-6。

表 4-6　有机负荷对废水 COD 去除率影响的方差分析计算表

水平	2.0kgCOD/(m³·d)	5.0kgCOD/(m³·d)	10.0kgCOD/(m³·d)	
1	50%	48%	38%	
2	45%	50%	41%	
3	52%	38%	42%	
4	48%	44%	42%	
5	47%	46%	40%	
Σ	2.42	2.26	2.03	6.71
$(\Sigma)^2$	5.86	5.11	4.12	15.09
Σ^2	1.17	1.03	0.83	3.03

（2）计算统计量与自由度

$$P = \frac{1}{ab}\left(\sum_{i=1}^{b}\sum_{j=1}^{a}x_{ij}\right)^2 = \frac{1}{3\times5}\times 6.71^2 = 3.00$$

$$Q = \frac{1}{a}\sum_{i=1}^{b}\left(\sum_{j=1}^{a}x_{ij}\right)^2 = \frac{1}{5}\times 15.09 = 3.02$$

$$R = \sum_{i=1}^{b}\sum_{j=1}^{a}x_{ij}^2 = 3.03$$

$$S_A = Q - P = 3.02 - 3.00 = 0.02$$

$$S_E = R - Q = 3.03 - 3.02 = 0.01$$

$$S_T = S_A + S_E = 0.02 + 0.01 = 0.03$$

$$f_T = ab - 1 = 5\times3 - 1 = 14$$

$$f_A = b - 1 = 3 - 1 = 2$$

$$f_E = b(a-1) = 3\times(5-1) = 12$$

（3）计算 F，进行显著性判断　方差分析计算见表 4-7。

表 4-7　有机负荷对糖蜜酒精废水 COD 去除率影响方差分析表

方差来源	差方和	自由度	均方	F
COD 负荷(S_A)	0.02	2	0.0077	7.37
误差 S_E	0.01	12	0.00104	
总和 S_T	0.03	14		

查 F 分布表，根据显著性水平 $\alpha=0.05$，$n_1=f_A=2$，$n_2=f_E=12$，查得 $\lambda_{0.05}=3.89$；根据显著水平 $\alpha=0.01$，查得 $\lambda_{0.05}=6.93$。

由于 $F=7.37>\lambda_{0.05}=6.93$，故有机物负荷率对糖蜜酒精废水生物厌氧 COD 去除率的影响特别显著。

第四节　实验数据的表示法

在完成对实验数据统计计算、剔除"离群"数据和分析评价后，还需要对实验所获得的"有效"数据进行归纳整理，用表格、图形或数学模型加以表征，以找出实验水平、因素间的相互关系或变化规律，为水污染控制理论研究、工程技术研究以及污染防治提供技术支撑。

实验数据处理的常见表示方法有列表表示法、图形表示法和回归分析表示法三种。

一、列表表示法

列表表示法是将一组实验数据中的自变量、因变量的各个数值依一定的形式和顺序一一对应列出来，借以反映各变量之间的关系。

完整的表格应包括表的序号、表名、项目名称和单位、实验数据，并采用三线表表示（表4-8）。

列表法常用于项目内容较多、数据较多且统计规律不够明显时，具有简单易作、形式紧凑、数据容易参考比较等优点，但对客观规律的反映不如图形表示法和数学模型表示法明确，在理论分析方面使用不方便。如表4-8所列，糖蜜酒精废水在一相和二相 UASB 的 COD 出水及其去除率难以采用图形或数学模型统计分析，但其处理后的 COD 总去除率与总负荷间的关系却较为清晰，COD 负荷越高，其 COD 总去除率也越大。

表 4-8　UASB 处理糖蜜酒精废水的 COD 去除情况

进水 /(mg/L)	一相 UASB		二相 UASB		UASB 反应器	
	出水/(mg/L)	去除率/%	出水/(mg/L)	去除率/%	COD 总去除率/%	COD 总负荷/[kg/(m³·d)]
14560	9320	36.0	3856	58.6	73.5	20.7
11143	8324	25.3	3728	55.2	66.5	12.8
11354	8251	27.9	5263	36.2	53.6	12.1
10870	7964	26.8	4976	37.5	45.8	11.5
16659	13329	20.1	6483	51.4	61.1	16.5
17424	14526	18.2	7920	44.5	64.5	15.4

二、图形表示法

图形表示法的优点在于形式简明直观，便于比较，能形象化地反映出数据的对比关系和变化规律，且易显示数据中的最高点或最低点、转折点、周期性以及其他奇异性等。

常见的图形为线图，有时也可以采用条图、百分条图和百分位数条图等表示。

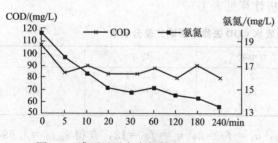

图 4-2　沸石对污水中氨氮和 COD 的吸附

1. 线图

线图是表示污染因子或其他指标随时间或水力停留时间、空间距离、进水污染物浓度、污泥负荷、污泥浓度、pH 值等而变化的最常用图形，采用线条连接图上各点。当表示几种指标时，需要不同线型的线条连接同一指标的各点或采用不同的符号如白圈、黑圈、三角、矩形、方形、叉叉、叉点等表征，并以文字或图例说明（图 4-2）。但同一线图中不宜同时绘出过多线条。

线图多用于以下两种场合。

① 已知变量间的依赖关系图形，通过实验，将获得的数据作图，然后求出相应的一些参数。

② 两个变量之间的关系不清，将实验数据点绘于线图上，用以分析、反映变量之间的关系和规律。

线图一般以 x 轴代表自变量，y 轴代表因变量。坐标轴上应注明名称和所用计量单位，分度选择应尽量利于每一点数据读取。例如，图 4-3 中（b）图的横坐标分度不合适，读数时（a）图比（b）图方便得多。

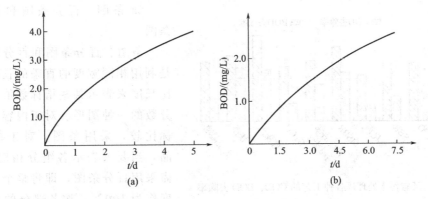

图 4-3 某废水 BOD-t 的关系曲线

线图坐标原点不一定是零点，一般常用稍低于实验数据中最低值的某一整数作起点，高于最高值的某一整数作终点，坐标分度应与实验精度一致，不宜过细，也不能过粗。图 4-4 中的 (a) 和 (b) 分别代表两种极端情况，(a) 图的纵坐标分度过细，超过实验精度，而 (b) 图分度过粗，低于实验精度，这两种分度都不恰当。

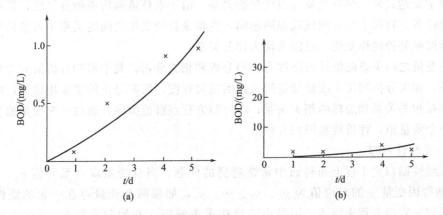

图 4-4 某污水 BOD-t 的关系曲线

当线图实验数据充分，图上点数足够多，自变量与因变量呈函数关系，则可作出光滑连续的曲线，如图 4-5 所示的 BOD 曲线。反之，数据不够充分，图上的点数较少，不易确定自变量与因变量之间的关系，或者自变量与因变量间不一定呈函数关系时，最好是将各点用直线连接，如图 4-6 所示。

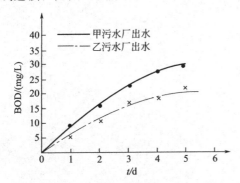

图 4-5 在同一图上表示不同的实验结果

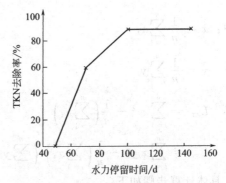

图 4-6 TKN 去除率与水力停留时间的关系

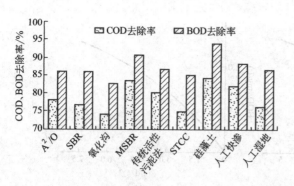

图 4-7 某省污水处理厂各种工艺的 COD、BOD 去除率

2. 条图、百分条图和百分位数条图

条图、百分条图和百分位数条图是利用相同宽度的直条的长度或百分比长度来表示某些指标数值大小或百分数的一种图形。对于内容独立的指标比较，采用条图。对于多组分样品，当要求表示各组分相对含量时，需采用百分条图，即将整个长条的长度作为 100%，按各部分的百分比各表示一段，各段采用不同线条图案区分，并以文字或图例加以说明（图 4-7）。对于需要了解各数据的分布及比例时，多采用百分位数条图。

三、回归分析表示法

实验数据用列表或图形表示后，使用时虽然较直观简便，但不便于理论分析研究，故常需要用数学表达式来反映自变量与因变量的关系。由于水环境的污染组分复杂，影响测试结果的因素较多，再加上分析测试误差的影响，使得变量与变量之间的关系不可能像数学函数关系那样按照某种规律变化，只能表现为相关关系。

研究变量之间关系的统计方法称为回归分析和相关分析，其中回归分析研究变量之间的相关关系，相关分析则用于度量变量间关系的密切程度。回归分析的主要用途为：确定变量间是否存在相关关系和怎样的相关关系；在回归方程点群范围内，通过一个变量值去预测或计算另一个变量值；评价检验回归方程。

1. 一元线性回归

一元线性回归是工程上和科研中常常遇到的问题，当自变量取一系列值 x_1、x_2、…、x_n 时，测得因变量 y 的对应值为 y_1、y_2、…、y_n，如果两个变量存在一定的线性相关关系，则可用一直线方程来描述：用最小二乘法求出截距 a 和回归系数 b，并建立回归方程 $y=a+bx$（称为 y 对 x 的回归线）。

$$\overline{y}=a+b\,\overline{x} \tag{4-28}$$

$$b=\frac{L_{xy}}{L_{xx}} \tag{4-29}$$

式中：$\overline{x}=\dfrac{1}{n}\sum\limits_{i=1}^{n}x_i$

$\overline{y}=\dfrac{1}{n}\sum\limits_{i=1}^{n}y_i$

$L_{xx}=\sum\limits_{i=1}^{n}x_i{}^2-\dfrac{1}{n}\Big(\sum\limits_{i=1}^{n}x_i\Big)^2$

$L_{xy}=\sum\limits_{i=1}^{n}x_iy_i-\dfrac{1}{n}\Big(\sum\limits_{i=1}^{n}x_i\Big)\Big(\sum\limits_{i=1}^{n}y_i\Big)$

具体计算步骤如下：

① 将实验数据列入一元回归计算表（表 4-9），并计算。

表 4-9 一元回归计算表

序号	x_i	y_i	x_i^2	y_i^2	$x_i y_i$
$\sum$					

$\sum x =$ $\sum y =$ $n =$

$\bar{x} =$ $\bar{y} =$

$\sum x^2 =$ $\sum y^2 =$ $\sum xy =$

$L_{xx} = \sum x^2 - \dfrac{1}{n}(\sum x)^2 =$ $L_{xy} = \sum xy - \dfrac{1}{n}(\sum x)(\sum y) =$

$L_{yy} = \sum y^2 - \dfrac{1}{n}(\sum y)^2 =$

② 根据式(4-28) 和式(4-29) 计算 a、b，得一元线性回归方程 $\hat{y} = a + bx$。

2. 一元线性回归方程检验

对于是否具有规律的一组数据，都可以根据最小二乘法的原则求出回归方程，但这样求出的回归方程具有的实际意义需要判断或检验。相关系数 r 是判断两个变量之间相关关系的密切程度的指标，或是检验一元线性回归方程是否具有实际意义的指标。

相关系数计算式如下：

$$r = \frac{L_{xy}}{\sqrt{L_{xx} L_{yy}}} \tag{4-30}$$

式中，$0 \leqslant |r| \leqslant 1$。$|r|$ 越接近 1，x 与 y 的线性关系越好；反之，则越不明显。由于 $|r|$ 的大小可以反映 x 与 y 的线性关系，因此，可以采用 $|r|$ 作为判别线性关系的统计量。

当 $|r| = 1$ 时，x 与 y 完全线性相关。其中 $r = +1$ 时，称为完全正相关；$r = -1$ 时，称为完全负相关。当 $0 < |r| < 1$ 时，说明 x 与 y 之间存在着一定的线性关系。当 $r > 0$ 时，直线斜率是正的，y 随 x 增大而增大，此时称 x 与 y 为正相关；当 $r < 0$ 时，直线斜率是负的，y 随 x 的增大而减小，此时称 x 与 y 为负相关。当 $r = 0$ 时，说明变量 y 的变化可能与 x 无关，这时 x 与 y 没有线性关系。

相关系数只表示 x 与 y 线性相关的密切程度，当 $|r|$ 很小甚至为零时，只表明 x 与 y 之间线性相关不密切，或不存在一元线性关系，并不表示 x 与 y 之间没有关系，可能两者存在着非一元线性关系（如二次线性关系等）。

不同显著性水平 α 下相关系数的显著性检验见表4-10。表中的数据为相关系数的临界

表 4-10 相关系数临界值

$n-2$	显著性水平 α		$n-2$	显著性水平 α		$n-2$	显著性水平 α	
	0.05	0.01		0.05	0.01		0.05	0.01
1	0.997	1.000	11	0.553	0.684	21	0.413	0.526
2	0.950	0.990	12	0.532	0.661	22	0.404	0.515
3	0.878	0.959	13	0.514	0.641	23	0.396	0.505
4	0.811	0.917	14	0.497	0.623	24	0.388	0.496
5	0.754	0.874	15	0.482	0.606	25	0.381	0.487
6	0.707	0.834	16	0.468	0.590	26	0.374	0.478
7	0.666	0.798	17	0.456	0.575	27	0.367	0.470
8	0.632	0.765	18	0.444	0.561	28	0.361	0.463
9	0.602	0.735	19	0.433	0.549	29	0.355	0.456
10	0.576	0.708	20	0.423	0.537	30	0.349	0.449

值。r 为由实测值（x_i、y_i）求出的相关系数，当 $|r| \leqslant r_{0.05}$ 时，表明所求一元线性回归方程中 x 与 y 线性相关不明显；当 $r_{0.05} \leqslant |r| \leqslant r_{0.01}$，表明所求一元线性回归方程中 x 与 y 线性相关显著；当 $|r| \geqslant r_{0.01}$，表明所求一元线性回归方程中 x 与 y 线性相关高度显著。

【**例 4-4**】 已知某污水厂测定结果见表 4-11，试计算其一元回归方程，并进行相关性检验。

表 4-11　污水分析测试数据表

污染物浓度 x/(mg/L)	0.05	0.10	0.20	0.30	0.40	0.50
吸光度 y	0.020	0.046	0.100	0.120	0.140	0.180

解：将实验数据列入一元线性回归计算表（表 4-12）。

表 4-12　污水分析测试数据一元线性回归计算表

序号	x_i	y_i	x_i^2	y_i^2	$x_i y_i$
1	0.05	0.020	0.0025	0.00040	0.0010
2	0.10	0.046	0.010	0.00212	0.0046
3	0.20	0.100	0.040	0.0100	0.0200
4	0.30	0.120	0.090	0.0144	0.0360
5	0.40	0.140	0.160	0.0195	0.0560
6	0.50	0.180	0.250	0.0324	0.0900
Σ	1.55	0.606	0.5525	0.0789	0.208

$$\sum x = 1.55 \qquad \sum y = 0.606 \qquad n = 6$$
$$\bar{x} = 0.258 \qquad \bar{y} = 0.101$$
$$\sum x^2 = 0.5525 \qquad \sum y^2 = 0.0789 \qquad \sum xy = 0.208$$

$$L_{xx} = \sum x^2 - \frac{1}{n}\left(\sum x\right)^2 = 0.5525 - 1.55^2/6 = 0.152$$

$$L_{xy} = \sum xy - \frac{1}{n}\left(\sum x\right)\left(\sum y\right) = 0.208 - 1.55 \times 0.606/6 = 0.0514$$

$$L_{yy} = \sum y^2 - \frac{1}{n}\left(\sum y\right)^2 = 0.789 - 0.606^2/6 = 0.0177$$

$$b = \frac{L_{xy}}{L_{xx}} = 0.0514/0.152 = 0.338$$

$$a = \bar{y} - b\bar{x} = 0.101 - 0.338 \times 0.258 = 0.014$$

$$y = a + bx = 0.014 + 0.338x$$

$$r = \frac{L_{xy}}{\sqrt{L_{xx}L_{yy}}} = \frac{0.0514}{\sqrt{0.152 \times 0.0177}} = 0.991$$

由于 $n=6$，查表 4-10，$n-2=4$ 的一行，相应的数为 0.811（5%）和 0.917（1%）。$r=0.991 > 0.917$，故所求一元线性回归方程中 x 与 y 线性相关高度显著。

3. 一元非线性回归

在环境工程中遇到的问题，有时两个变量之间的关系并不是线性关系，而是某种曲线关系（如生化需氧量曲线）。这时，需要解决选配恰当类型的曲线以及确定相关函数中系数等问题，具体如下：根据实验数据作散点分布图，从散点分布情况以及专业知识选择或确定适当的曲线类型，例如，生化需氧量曲线可用指数函数 $L_t = L_u(1 - e^{-k_1/t})$ 来表示。

确定函数类型以后，通过坐标变换（即变量变换）把非线性函数关系化成线性关系，即化曲线为直线；后在新坐标系中用线性回归方法求出回归方程；再还原回原坐标系，即得所求方程。

在水污染控制中，有可能会遇到的一元非线性回归方程有幂函数、指数函数和对数函数。

（1）幂函数 幂函数计算式如下，具体线型见图 4-8。

$$y = ax^b \tag{4-31}$$

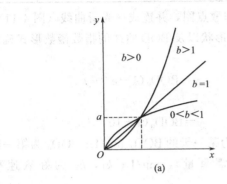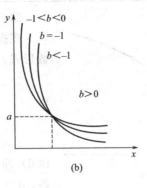

图 4-8 幂函数 $y = ax^b$ 的曲线

对等式两边取对数，并令 $y' = \lg y$，$x' = \lg x$，$a' = \lg a$，则有

$$y' = a' + bx'$$

（2）指数函数 指数函数公式为式（4-32），线型见图 4-9。

$$y = a\mathrm{e}^{bx} \tag{4-32}$$

对等式两边取对数，并令 $y' = \ln y$，$a' = \ln a$，则有

$$y' = a + bx'$$

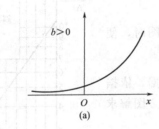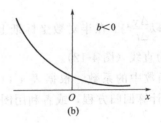

图 4-9 指数函数 $y = a\mathrm{e}^{bx}$ 的曲线

（3）对数函数 对数函数公式为式（4-33），图形见图 4-10。

$$y = a + b\lg x \tag{4-33}$$

令 $x' = \lg x$，则有

$$y = a + bx'$$

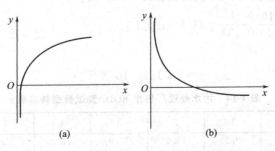

图 4-10 对数函数 $y = a + b\lg x$ 的曲线

【例 4-5】 某污水处理厂出水 BOD_5 测试结果见表 4-13，试对其进行处理分析。

表 4-13 污水处理厂出水 BOD_5 测试数据

t/d	0	1	2	3	4	5	6	7
$BOD_5/(mg/L)$	0.0	9.2	15.9	20.9	24.4	27.2	29.1	30.6

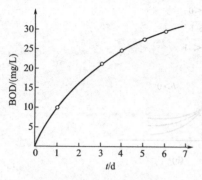

图 4-11 BOD 与 t 的关系曲线

解： ① 作散点图，并连成一光滑曲线（图 4-11）。

根据曲线形状以及 BOD 曲线的指数函数形式确定函数形式：

$$y = BOD_u(1 - e^{-k_1 t})$$

或

$$y = BOD_u(1 - 10^{-k_2 t})$$

式中，y 为某一天的 BOD，mg/L；BOD_u 为第一阶段 BOD（即碳化需氧量），mg/L；k_1，k_2 为好氧速率常数，d^{-1}。

② 变换坐标，曲线改为直线。函数二边对 dt 求导，得：

$$\frac{dy}{dt} = BOD_u(-10^{-k'_1 t})(-k_1)\ln 10$$

即

$$\frac{dy}{dt} = 2.303 BOD_u k_1 10^{-k'_1 t}$$

上式等号两边取对数，得

$$\lg\left(\frac{dy}{dt}\right) = \lg(2.303 BOD_u k_1) - k_1 t \qquad (4\text{-}34)$$

上式表明，当以 $\dfrac{\Delta y}{\Delta t}$ 与 t 在半对数坐标纸上作图时，便可以化 BOD 曲线为直线（图 4-12）。

③ 确定相关函数中的系数。根据表 4-14 数据，依据线性回归计算方法计算回归方程，或者利用图 4-12 图解求系数。从图中可得：

$$斜率 = \frac{\lg 9.2 - \lg 1.5}{0.5 - 6.5}$$

$$= -\frac{0.9638 - 0.1761}{-6.0} = -0.131$$

即 $k_1 = 0.131 d^{-1}$。

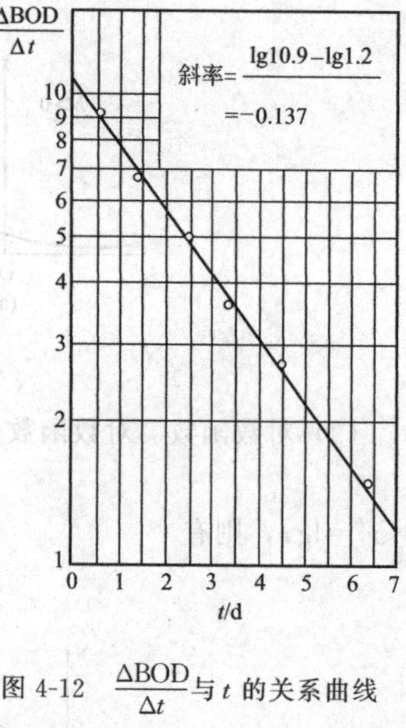

由图得 $t=0$ 时，$\Delta y/\Delta t = 10.9$，此时根据式（4-34）得：

$$BOD_5 = \frac{10.9}{2.303 \times 0.131} = 36.1 \text{（mg/L）}$$

所以 BOD 曲线为：

$$y = 36.1(1 - 10^{-0.131 t})$$

图 4-12 $\dfrac{\Delta BOD}{\Delta t}$ 与 t 的关系曲线

（图中）斜率 $= \dfrac{\lg 10.9 - \lg 1.2}{} = -0.137$

表 4-14 污水处理厂出水 BOD_5 测试数据转换表

t/d	0	1	2	3	4	5	6	7
$y/(mg/L)$	0.0	9.2	15.9	20.9	24.4	27.2	29.1	30.6
$\Delta y/\Delta t(\Delta t=1)$	—	9.2	6.7	5.0	3.5	2.8	1.9	1.5
$\bar{\Delta t}$	—	0.5	1.5	2.5	3.5	4.5	5.5	6.5

实验一　混凝沉淀实验

混凝沉淀能广泛用于微污染水源水、生活污水、工业废水以及二沉池出水深度处理中的浊度、SS、微生物、有机物、氮、磷、重金属、色度、石油类、细小纤维的去除,混凝沉淀或混凝气浮是水处理工艺中常见的和重要的处理单元之一。

水和水中均匀分布的细小颗粒所组成的分散体系,按颗粒的大小可分为三类:颗粒直径小于 1nm 的分子和离子为真溶液;颗粒尺寸介于 1~100nm 的为胶体溶液;颗粒尺寸大于 100nm 的称为悬浮液。当向呈分散体系的水中投加一定量的混凝剂(或药剂)时,在水动力学条件下,混凝剂与胶体颗粒、真溶液中能与某些化学物质发生反应的细小颗粒(如重金属与硫离子、碳酸根离子、氢氧根离子形成的硫化物、碳酸盐和氢氧化物等)相互聚合,形成可以自由沉淀的絮体,这一过程叫混凝沉淀。

通过混凝沉淀实验,可以帮助学生了解混凝剂的种类及其效能、影响混凝的主要因素或混凝条件、混凝过程及其机理、混凝的水动力学条件及其设备、混凝沉淀去除的对象及其构筑物设计。因而,混凝沉淀实验在水处理科研和工程中应用极其广泛。

一、实验目的

1. 加深了解混凝沉淀的原理、设备、混凝剂类型及效能。
2. 通过实验过程了解水动力学条件、混凝剂种类及投加量、pH 值等对混凝沉淀效果的影响,并确定适宜的实验条件。
3. 观察絮体的形成过程,分析混凝沉淀机理。
4. 了解混凝反应的主要形式、混凝设备、工艺技术参数及其工程构筑物设计(环境工程专业)。
5. 初步了解胶体粒子及其 ξ 电位的检测方式和研究方法(环境科学专业)。

二、实验原理

地表水、生活污水和工业废水中常常存在大量的无机和有机胶体颗粒,如 TOC、腐殖质颗粒、铝硅酸盐细小矿物颗粒、游离细菌和病毒、乳化油等,成为地表水体浑浊和污(废)水处理泥水分离不清的一个重要原因。胶体表面带有电荷,且电荷不平衡分布,致使靠近固相表面的液相形成的反离子不均匀分布,从而构成双电层。胶体颗粒间的静电斥力、胶粒的布朗运动及胶粒表面的水化作用,使得胶粒具有分散稳定性。胶体颗粒不可能通过自然沉淀去除。

在胶体颗粒间的静电斥力、胶粒的布朗运动及胶粒表面的水化作用中,静电斥力的影响最大。因此,当向水中投加混凝剂时,能大量增加水中的高价正离子,从而压缩胶体的双电层,使胶体颗粒的 ξ 电位降低,固液界面间的静电斥力减小,水化作用减弱,发生快速絮凝作用(先异向絮凝,后同向絮凝)。同时,混凝剂水解后形成的高分子物质或直接加入水中的高分子物质多具有链状结构,在水动力学作用下,形成吸附架桥作用,使胶粒颗粒相互接触逐渐形成较大絮凝体(俗称矾花),发生自然沉淀。

混凝沉淀过程是一连续作用的过程。为便于研究和表达,混凝沉淀被划分为混合和反应两个阶段。混合阶段要求被处理的原水、污水或废水与混凝剂在较强水动力学作用下快速分散混合，使混凝剂迅速分散，并与胶体颗粒发生相互作用或碰撞，从而压缩胶体颗粒的双电层，使之脱稳，进行异向絮凝和同向絮凝，形成微絮凝体；反应阶段则要求降低水动力学作用或慢速搅拌，使微絮凝体在混凝剂高分子物质作用下发生吸附架桥，形成较密实的大粒径矾花。

对于水中溶解性污染物，如重金属离子和溶解性有机物，不宜直接采用混凝沉淀去除，但可以先投加某些化学组分，调节 pH 值，使其发生某种化学反应，形成化学沉淀物或胶体，再采用混凝沉淀方法对其去除。如 Cd^{2+} 直接采用混凝剂，去除效果较差，若先投加碳酸钠或碳酸氢钠，使之形成碳酸镉沉淀，再采用混凝剂絮凝沉淀，则效果会明显改善。

混合和反应均依靠水动力学作用进行，其作用强度常常采用相邻水层两个胶体颗粒运动的速度梯度或 G 值表征。

$$G = \frac{du}{dy} \tag{1}$$

由于存在这个速度差，导致相邻水层两个胶体颗粒发生碰撞。其速度差越大，两者发生碰撞事件的时间越早、概率越大。因此 G 值实质上反映了胶体颗粒碰撞的机会或次数。

根据水力学或流体力学原理，临近水层间的摩擦力 F 和水层接触面积 A 的关系为：

$$F = \mu \times \frac{du}{dy} \times A \tag{2}$$

单位体积液体搅拌所需功率为：

$$P = F \times du \frac{1}{A dy} \tag{3}$$

将式（2）代入式（3），则得

$$G = \sqrt{\frac{P}{\mu}} \tag{4}$$

式中，G 为速度梯度，s^{-1}；P 为混合或反应设备中单位体积水流所需功率，W 或 N·m/s；μ 为水的动力黏度，Pa·s 或 $N·s/m^2$。不同温度水的动力黏度 μ 值见表 1。

表 1　不同温度水的动力黏度 μ 值

$T/℃$	0	5	10	15	20	25	30	40
$\mu/(10^{-3}N·s/m^2)$	1.781	1.518	1.307	1.139	1.002	0.890	0.798	0.653

当采用机械搅拌时，P 即为单位体积液体所消耗机械的功率，即为：

$$P = \frac{C_d A \gamma v^3}{2g} \tag{5}$$

式中，A 为平板桨面积，m^3；γ 为水的容重，kg/m^3；v 为水流对浆板的相对速度，一般按浆板速度的 75% 计，m/s；g 为重力加速度，m/s^2；C_d 为阻力系数，对于雷诺数 $Re > 1000$ 的平板桨，阻力系数 C_D 值见表 2。

表 2　阻力系数 C_D 值

b/L	<1	1~2	2.5~4	4.5~10	10~18	20
C_D	1.10	1.15	1.19	1.29	1.40	1.50

浆板搅拌的雷诺数　　$Re = \dfrac{nd^2\gamma}{\mu}$

式中，n 为叶片转速，r/min；d 为叶片直径，m；γ 为水的容重，kg/m³；μ 为水的动力黏度，Pa·s 或 N·s/m²。

当采用水力搅拌时，式中 P 可按水头损失计算：

$$P = \frac{\gamma Q h}{V} \tag{6}$$

式中，Q 为反应器中的流量，m³/s；γ 为水的容重，kg/m³；h 为水流过反应器的水头损失，m；V 为反应器体积，m³。

目前，混凝沉淀常见的药剂主要为高价无机盐类絮凝剂，如铝盐（氯化铝、硫酸铝等）、铁盐（氯化铁、硫酸铁及硫酸亚铁等）以及无机高分子絮凝剂（如聚合氯化铝、聚合硫酸铝、聚合氯化铁、聚合硫酸铁、聚合磷酸铝、聚合磷酸铁等）。为了促进絮凝，常常还会投加助凝剂聚丙烯酰胺。混凝药剂的制备应控制适宜的浓度，浓度过低，则设备投加量或体积大，药剂还会发生水解，如 $FeCl_3$ 在浓度小于 6.5% 时就会发生水解。无机盐絮凝剂和无机高分子絮凝剂投加浓度一般为 5%～7%，聚丙烯酰胺一般采用 0.05%～1%，但通常先需配制成 10%，然后再稀释至所需浓度。

絮凝剂混合有许多方法，其中给水处理常采用水泵混合、管道混合、多孔隔板混合，而污（废）水处理常采用机械搅拌（浆板式）混合、涡流式混合和射流混合。

混凝沉淀工艺有多种构筑物。其中常见的反应池有涡流式反应池、隔板反应池（包括往复式、回转式、折板式）、漩流式反应池、机械反应池等。为提高混凝、反应、沉淀效果，常将三者合并建设（澄清池），如机械加速澄清池、水力循环澄清池、脉冲澄清池、悬浮澄清池、漩流澄清池、高速脉冲澄清池等。

混凝沉淀的控制因素主要有药剂投加量、pH 值和动力学条件。药剂投加量基于进水污染物浓度确定，一般按污染物与药剂间的反应摩尔理论投加量的 110%～150% 投加，或基于小试实验投加量的 110%～150% 投加；pH 值基于药剂理论反应的适宜 pH 值区间，或采用小试实验研究的适宜 pH 值区间；水动力学条件（G 值）在反应混合阶段应大于 300～500s⁻¹，即快速搅拌，以利于药剂迅速分散，并与污染组分发生反应，时间一般不超过 30s。混合方式可以是机械搅拌混合或水泵混合。絮凝阶段则水动力学条件需逐步减弱，G 值一般开始采用 100s⁻¹ 左右，后逐步减小至 10s⁻¹ 左右，反应时间控制为 15～30min。由于絮凝形成的矾花抗剪强度低，易破碎，G 值过大会导致形成的絮体破碎，从而影响絮体的沉淀或泥水分离的效果，进而影响污染物的去除效率。故从反应开始至反应结束，随着矾花逐渐增大，G 值宜逐渐减小。

本实验为实验室小试实验，实验室提供硫酸铝、氯化铝和三氯化铁三种混凝剂，投加药剂选择由学生自行决定；pH 值范围需基于选择药剂发生化学沉淀的适宜条件确定，实验室提供可以调节溶液 pH 值的盐酸和氢氧化钠稀溶液；水动力学条件采用六联机械搅拌控制，浆板绕轴旋转时克服水的阻力所耗功率 P 为：

$$P = \frac{C_D \gamma L \omega^3}{4g}(r_2^4 - r_1^4) \tag{7}$$

式中，L 为浆板长度，m；r_2、r_1 为浆板外缘、内缘旋转半径，m；ω 为浆板旋转角速度，可采用 0.75 倍轴转速，即 $\frac{2\pi n}{60} \times 0.75 = 0.0785 n\,\text{rad/s}$；$n$ 为转速，r/min；γ 为水的重度，一般取 9810N/m³；g 为重力加速度，9.81m/s²；C_D 为阻力系数，取决于桨板宽长比，见表 2。当 $C_D = 1.15$（即宽长比 b/L 为 1～2）。代入式（7）得：$P = 0.139Ln^3(r_2^4 - r_1^4)$。

三、实验设备及材料

1. 实验用水：自来水水厂进水源水、污水处理厂二沉池出水或工业企业生产废水若干。

2. 实验材料：硫酸铝、氯化铝和三氯化铁混凝剂若干，化学纯盐酸和氢氧化钠溶液各 1 瓶。

3. 实验设备：六联搅拌器 1 台（图 1）；1000mL 和 250mL 烧杯、1000mL 量筒、500mL 容量瓶、250mL 容量瓶、1mL 和 5mL 移液管若干；COD 快速测定仪、紫外分光光度计、酸度计、浊度仪各 1 台（套）；万分之一电子天平、温度计、秒表及卷尺各 1 个。

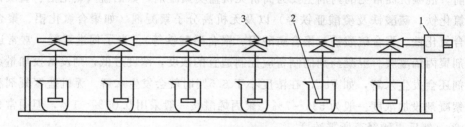

图 1　六联电动搅拌器
1—变速电动机；2—搅拌叶片；3—传动装置

四、实验步骤及记录

实验按自来水水厂进水源水、污水处理厂二沉池出水、工业企业生产废水三种用水分组进行，每 3 人一组，任选其中一种实验用水进行实验。

（一）适宜药剂投加量实验

1. 测量实验用水的水温、微污染水源水的浊度（二沉池出水的 SS 或磷，工业废水的石油类或重金属等）及 pH。

2. 用 1000mL 量筒定量量取 6 个水样至 6 个大烧杯中。

3. 基于用水水质及主要污染物选择适宜的混凝剂，计算确定实验最小混凝剂投加量（基于化学反应的理论投加量确定，或自来水厂、污水处理厂经验单位污染物投加量确定），后按最小投加量的 100％、110％、120％、130％、140％和 150％的计量设计混凝剂投加量。

4. 将烧杯置于搅拌机中，开启搅拌机，调整转速，中速运转数分钟，同时将设计混凝剂投加量分别用移液管投加到相应烧杯中，并快速搅拌 30s（300～500r/min），后调到中速搅拌 4.5min（120～150r/min），之后再调至慢速搅拌 10min（50～80r/min）。

5. 搅拌过程中，注意观察并记录矾花形成的过程、矾花外观、大小等；搅拌结束后，将烧杯取出，置一旁静置沉淀 10min，观察矾花沉淀过程、沉降速度快慢、密实程度，并记录在表 3 中。

6. 沉淀结束后，小心倒取烧杯中上清液约 100mL（够水样分析测试即可），检测混凝沉淀后出水或上清液的浊度（或其他主要污染物，如 SS、磷、重金属）、pH，并填入原始数据记录表中（表 4）。

7. 基于实验结果，并结合混凝沉淀过程所观察到的现象、相关原理，对实验结果进行讨论分析。如果实验结果不够理想，可基于实验结果重新设计实验，重复上述实验步骤。

表 3　混凝沉淀实验现象观察记录

实验过程	实验过程现象描述
快速搅拌	
中速搅拌	
慢速搅拌	
静置沉淀	

表 4　实验原始数据记录表

使用混凝剂名称		进水水质（浊度或 SS、COD 等）		原水温度	原水 pH	原水体积/mL
水样编号		1	2	3	4	5	6
药剂投加量	mL						
	mg/L						
出水水质（浊度或 SS、COD 等）							
沉淀后 pH 值							

（二）适宜 pH 值实验

1. 测量实验用水的水温、微污染水源水的浊度（二沉池出水的 SS 或磷，工业废水的石油类或重金属等）及 pH。

2. 用 1000mL 量筒定量量取 6 个水样至 6 个大烧杯中。

3. 基于用水水质、需要去除的污染物选择混凝剂，计算确定实验混凝剂投加量（实验固定混凝剂投加量，按理论投加量的 120% 投加），依据相关化学反应的 pH 范围区间确定实验 pH 值范围及其每组实验的 pH 值间隔，并用酸和碱将 6 个水样调至设定 pH 值。

4. 将烧杯置于搅拌机中，开启搅拌机，调整转速，中速运转数分钟，同时将设计混凝剂投加量分别用移液管投加至相应烧杯中，并快速搅拌 30s（300～500r/min），后调到中速搅拌 4.5min（120～150r/min），之后再调至慢速搅拌 10min（50～80r/min）。

5. 搅拌过程中，注意观察并记录矾花形成的过程、矾花外观、大小等；搅拌结束后，将烧杯取出，置一旁静置沉淀 10min，观察矾花沉淀过程、沉降速度、密实程度，并记录在表 3 中。

6. 沉淀结束后，小心倒取烧杯中上清液约 100mL（够水样分析测试即可），检测混凝沉淀后出水或上清液的浊度（或其他污染物）、pH，并记录原始数据（表 4）。

7. 基于实验结果，并结合混凝沉淀过程所观察到的现象，对实验结果进行讨论分析。如果实验结果不够理想，可基于实验结果重新设计实验，重复上述实验步骤。

（三）适宜水动力学条件实验

1. 设计实验搅拌时间安排表（表 5）。

2. 测量原水的水温、微污染水源水的浊度（二沉池出水的 SS 或磷，工业废水的石油类或重金属等）及 pH。

3. 用 1000mL 量筒定量量取 4 个水样至 4 个大烧杯中。

4. 基于用水水质、需要去除污染物选择混凝剂，计算确定实验混凝剂投加量（实验固定混凝剂投加量，按理论投加量的 120% 投加）或根据（一）的适宜药剂投加量结果确定；依据相关化学反应的 pH 范围区间或根据（二）的适宜 pH 值结果确定实验适宜 pH 值，并用酸或碱将 4 个水样调至设定 pH 值。

5. 将烧杯置于搅拌机中，开启搅拌机，调整转速，中速运转数分钟，同时将设计混凝剂投加量分别用移液管投加至相应烧杯中，并按实验搅拌时间安排表中的设计时间进行快速搅拌、中速搅拌和慢速搅拌。

6. 搅拌过程中，注意观察并记录矾花形成的过程、矾花外观、大小等；搅拌结束后，将烧杯取出，置一旁静置沉淀 10min，观察矾花沉淀过程、沉降快慢、密实程度，并记录在表 3 中。

7. 沉淀结束后小心倒取烧杯中上清液约 100mL（够水样分析测试即可），检测混凝沉淀后出水或上清液的浊度（或其他污染物）、pH，并记录原始数据（表 4）。

8. 基于实验结果，并结合混凝沉淀过程所观察到的现象，对实验结果进行讨论分析。如果实验结果不够理想，可基于实验结果重新设计实验，重复上述实验步骤。

表 5 正交实验搅拌时间安排表

设计方案	快速搅拌时间/s	中速搅拌时间/s	慢速搅拌时间/s
1	30	270	600
2	45	255	600
3	60	240	600
4	75	225	600

五、数据整理

1. 适宜投药量、pH 值、水动力学条件的确定

以投药量（或 pH 值、水动力学条件）为横坐标，以剩余浊度（或 SS、COD、磷等其他污染物）为纵坐标，绘制投药量（或 pH 值、水动力学条件）-剩余浊度（或 SS、COD、磷等其他污染物）曲线，从曲线上求得本次实验适宜的实验结果，包括适宜的混凝剂种类及其投加量、混凝沉淀的适宜 pH 值和水动力学条件、污染物的去除效果等。

2. G 及 Gt 值计算（表 6），并结合实验原理对实验结果进行分析讨论，加深对混凝沉淀理论的理解和掌握。

表 6 混凝沉淀实验 G 及 Gt 值计算表

桨 板 尺 寸								
$r_1=$	m	$r_2=$	m	$b=$	m	$L=$	m	$C_D=$
水温=				动力黏度 $\mu=$		$10^{-3} N \cdot s/m^2$		
快速搅拌时	$n=$	r/min		$P=$	N·m/s			
$t=$	s;$Gt=$			$G=$	s^{-1}			
中速搅拌时	$n=$	r/min		$P=$	N·m/s			
$t=$	s;$Gt=$			$G=$	s^{-1}			
慢速搅拌时	$n=$	r/min		$P=$	N·m/s			
$t=$	s;$Gt=$			$G=$	s^{-1}			

六、思考题

1. 根据实验结果以及实验中所观察到的现象，简述影响混凝的几个主要因素。

2. 结合混凝沉淀原理，说明混凝沉淀主要影响因素在混凝沉淀过程中的作用。

七、注意事项

1. 混凝沉淀实验取水时，所取用水水样要搅拌均匀，要一次量取，以避免所取水样水质不均。

2. 混凝沉淀出水或静置沉淀上清液取样时，要在烧杯的相同深度或位置上取上清液，并避免不要把沉淀的矾花扰动起来。

实验二　化学沉淀法处理重金属废水正交实验

化学沉淀法能广泛用于微污染水源水、工业废水中的重金属处理。

化学沉淀法是往水中投加某种化学药剂，使其与水中的重金属发生化学反应，生成难溶于水的盐类，从而降低水中溶解性污染物的含量。废水中的重金属一般采用化学沉淀法去除，常见的化学沉淀法有氢氧化物沉淀法、硫化物沉淀法、碳酸盐沉淀法等。

化学沉淀法处理重金属废水时，由于工业废水成分复杂，常含有大量 SS、酸或碱、油、多种重金属、多种难降解有机物等，废水来水水质、水量严重不均，使废水处理受到多种因素影响，且各个因素互相交织，需要采用正交设计法安排实验，以减少多因素实验次数，获取可靠的实验结果。

化学沉淀法影响因素众多，如化学药剂类型及其投加量、pH 值、水动力学条件、污染物组分及含量、干扰物质组分及含量等。从实验一可以看出，如果采用单因素实验，需进行多组实验，费时费力，且难以说清各因素间的关系，而正交实验可以避免这些问题。采用正交实验设计研究多因素实验问题，有助于学生熟悉了解正交实验使用的前提和方法、因素筛选、实验结果统计分析等相关知识，提高发现问题和解决问题的能力。

一、实验目的

1. 初步掌握正交实验使用的前提、方法、因素水平设计及实验结果统计分析。
2. 理解氢氧化物沉淀法、硫化物沉淀法、碳酸盐沉淀法等化学沉淀法的基本原理及方法。
3. 了解污染物种类及含量、化学沉淀剂种类及投加量、pH 值、水动力学条件等多因素的筛选和正交实验设计，并确定适宜的实验条件。
4. 了解重金属污染物化学沉淀反应的主要形式、反应设备、工艺技术参数及其工程构筑物设计，分析化学沉淀机理。

二、实验原理

难溶无机化合物的饱和溶液中，各种离子浓度的乘积为一常数，称为溶度积常数。例如，在硫化铜的饱和溶液中

$$[Cu^{2+}][S^{2-}] = K_{sp} \tag{1}$$

$[Cu^{2+}]$ 与 $[S^{2-}]$ 的乘积等于硫化锌的溶解度，$K_{sp} = 6.3 \times 10^{-36}$，为溶度积常数，简称溶度积。大部分的重金属，如砷（As）、钡（Ba）、镉（Cd）、铜（Cu）、汞（Hg）、镍（Ni）、硒（Se）和锌（Zn）等，能够以氢氧化物、硫化物、碳酸盐等形式沉淀去除。常见金属氢氧化物、硫化物、碳酸盐等溶度积见表 1。

在一个有多种离子的溶液中，如果其中两种离子 A^+ 和 B^- 能化合成难溶化合物 AB，则可能出现下列三种情况之一。

① $[A^+][B^-] < K_{AB}$，溶液未饱和，A^+、B^- 全部溶解于水中。

② $[A^+][B^-] = K_{AB}$，溶液饱和，但不产生沉淀。

③ $[A^+][B^-] > K_{AB}$，溶液过饱和，必有难溶化合物 AB 从溶液中沉淀析出。

可见产生沉淀的条件是离子积大于溶度积。若去除的污染物是 A^+，则可把 B^- 物质称

为沉淀剂。化学沉淀法就是投加沉淀剂以降低水中某种离子浓度的方法。

若溶液中有数种离子都能与同一种离子生成沉淀，则可以通过溶度积原理判断生成沉淀的顺序，即分步沉淀。例如，溶液中同时存在 SO_4^{2-}、CrO_4^{2-}、Ba^{2+}，试判断发生何种沉淀？

$$SO_4^{2-} + Ba^{2+} = BaSO_4 \downarrow \qquad L_{BaSO_4} = 1.1 \times 10^{-10} \qquad (2)$$

$$CrO_4^{2-} + Ba^{2+} = BaCrO_4 \downarrow \qquad L_{BaCrO_4} = 2.3 \times 10^{-10} \qquad (3)$$

$$L_{BaSO_4} / L_{BaCrO_4} = 1.1 \times 10^{-10} / 2.3 \times 10^{-10} = 1/2.09$$

因为 Ba^{2+} 为同一值，所以 $[SO_4^{2-}]/[CrO_4^{2-}] = 1/2.09$

若溶液中 $[SO_4^{2-}]/[CrO_4^{2-}] > 1/2.09$，则先发生 $BaSO_4$ 沉淀。

若溶液中 $[SO_4^{2-}]/[CrO_4^{2-}] < 1/2.09$，则先发生 $BaCrO_4$ 沉淀。

若溶液中 $[SO_4^{2-}]/[CrO_4^{2-}] = 1/2.09$，则同时发生 $BaSO_4$ 和 $BaCrO_4$ 沉淀。

可见，不能认为在任何情况下都是溶度积小的难溶盐首先发生沉淀，而要以 L_1/L_2 的比值作为指标衡量，并以此确定离子沉淀的顺序或者共沉淀。

表1 化合物的溶度积常数表

化合物	溶度积	化合物	溶度积	化合物	溶度积
醋酸盐		氢氧化物		* CdS	8.0×10^{-27}
* * AgAc	1.94×10^{-3}	* AgOH	2.0×10^{-8}	* CoS(α-型)	4.0×10^{-21}
卤化物		* Al(OH)$_3$(无定形)	1.3×10^{-33}	* CoS(β-型)	2.0×10^{-25}
* AgBr	5.0×10^{-13}	* Be(OH)$_2$(无定形)	1.6×10^{-22}	* Cu$_2$S	2.5×10^{-48}
* AgCl	1.8×10^{-10}	* Ca(OH)$_2$	5.5×10^{-6}	* CuS	6.3×10^{-36}
* AgI	8.3×10^{-17}	* Cd(OH)$_2$	5.27×10^{-15}	* FeS	6.3×10^{-18}
BaF$_2$	1.84×10^{-7}	* * Co(OH)$_2$(粉红色)	1.09×10^{-15}	* HgS(黑色)	1.6×10^{-52}
* CaF$_2$	5.3×10^{-9}	* * Co(OH)$_2$(蓝色)	5.92×10^{-15}	* HgS(红色)	4×10^{-53}
* CuBr	5.3×10^{-9}	* Co(OH)$_3$	1.6×10^{-44}	* MnS(晶形)	2.5×10^{-13}
* CuCl	1.2×10^{-6}	* Cr(OH)$_2$	2×10^{-16}	* * NiS	1.07×10^{-21}
* CuI	1.1×10^{-12}	* Cr(OH)$_3$	6.3×10^{-31}	* PbS	8.0×10^{-28}
* Hg$_2$Cl$_2$	1.3×10^{-18}	* Cu(OH)$_2$	2.2×10^{-20}	* SnS	1×10^{-25}
* Hg$_2$I$_2$	4.5×10^{-29}	* Fe(OH)$_2$	8.0×10^{-16}	* * SnS$_2$	2×10^{-27}
醋酸盐		氢氧化物		* CdS	8.0×10^{-27}
* * AgAc	1.94×10^{-3}	* AgOH	2.0×10^{-8}	* CoS(α-型)	4.0×10^{-21}
卤化物		* Al(OH)$_3$(无定形)	1.3×10^{-33}	* CoS(β-型)	2.0×10^{-25}
* AgBr	5.0×10^{-13}	* Be(OH)$_2$(无定形)	1.6×10^{-22}	* Cu$_2$S	2.5×10^{-48}
* AgCl	1.8×10^{-10}	* Ca(OH)$_2$	5.5×10^{-6}	* CuS	6.3×10^{-36}
* AgI	8.3×10^{-17}	* Cd(OH)$_2$	5.27×10^{-15}	* FeS	6.3×10^{-18}
BaF$_2$	1.84×10^{-7}	* * Co(OH)$_2$(粉红色)	1.09×10^{-15}	* HgS(黑色)	1.6×10^{-52}
* CaF$_2$	5.3×10^{-9}	* * Co(OH)$_2$(蓝色)	5.92×10^{-15}	* HgS(红色)	4×10^{-53}
* CuBr	5.3×10^{-9}	* Co(OH)$_3$	1.6×10^{-44}	* MnS(晶形)	2.5×10^{-13}
* CuCl	1.2×10^{-6}	* Cr(OH)$_2$	2×10^{-16}	* * NiS	1.07×10^{-21}
* CuI	1.1×10^{-12}	* Cr(OH)$_3$	6.3×10^{-31}	* PbS	8.0×10^{-28}
* Hg$_2$Cl$_2$	1.3×10^{-18}	* Cu(OH)$_2$	2.2×10^{-20}	* SnS	1×10^{-25}
* Hg$_2$I$_2$	4.5×10^{-29}	* Fe(OH)$_2$	8.0×10^{-16}	* * SnS$_2$	2×10^{-27}
HgI$_2$	2.9×10^{-29}	* Fe(OH)$_3$	4×10^{-38}	* * ZnS	2.93×10^{-25}
PbBr$_2$	6.60×10^{-6}	* Mg(OH)$_2$	1.8×10^{-11}	磷酸盐	
* PbCl$_2$	1.6×10^{-5}	* Mn(OH)$_2$	1.9×10^{-13}	* Ag$_3$PO$_4$	1.4×10^{-16}
PbF$_2$	3.3×10^{-8}	* Ni(OH)$_2$(新制备)	2.0×10^{-15}	* AlPO$_4$	6.3×10^{-19}
* PbI$_2$	7.1×10^{-9}	* Pb(OH)$_2$	1.2×10^{-15}	* CaHPO$_4$	1×10^{-7}
SrF$_2$	4.33×10^{-9}	* Sn(OH)$_2$	1.4×10^{-28}	* Ca$_3$(PO$_4$)$_2$	2.0×10^{-29}

续表

化合物	溶度积	化合物	溶度积	化合物	溶度积
碳酸盐		* $Sr(OH)_2$	9×10^{-4}	* * $Cd_3(PO_4)_2$	2.53×10^{-33}
Ag_2CO_3	8.45×10^{-12}	* $Zn(OH)_2$	1.2×10^{-17}	$Cu_3(PO_4)_2$	1.40×10^{-37}
* $BaCO_3$	5.1×10^{-9}	草酸盐		$FePO_4\cdot2H_2O$	9.91×10^{-16}
$CaCO_3$	3.36×10^{-9}	$Ag_2C_2O_4$	5.4×10^{-12}	* $MgNH_4PO_4$	2.5×10^{-13}
$CdCO_3$	1.0×10^{-12}	* BaC_2O_4	1.6×10^{-7}	$Mg_3(PO_4)_2$	1.04×10^{-24}
* $CuCO_3$	1.4×10^{-10}	* $CaC_2O_4\cdot H_2O$	4×10^{-9}	* $Pb_3(PO_4)_2$	8.0×10^{-43}
$FeCO_3$	3.13×10^{-11}	CuC_2O_4	4.43×10^{-10}	* $Zn_3(PO_4)_2$	9.0×10^{-33}
Hg_2CO_3	3.6×10^{-17}	* $FeC_2O_4\cdot2H_2O$	3.2×10^{-7}	其他盐	
$MgCO_3$	6.82×10^{-6}	$Hg_2C_2O_4$	1.75×10^{-13}	* $[Ag^+][Ag(CN)_2^-]$	7.2×10^{-11}
$MnCO_3$	2.24×10^{-11}	$MgC_2O_4\cdot2H_2O$	4.83×10^{-6}	* $Ag_4[Fe(CN)_6]$	1.6×10^{-41}
$NiCO_3$	1.42×10^{-7}	$MnC_2O_4\cdot2H_2O$	1.70×10^{-7}	* $Cu_2[Fe(CN)_6]$	1.3×10^{-16}
* $PbCO_3$	7.4×10^{-14}	* * PbC_2O_4	8.51×10^{-10}	$AgSCN$	1.03×10^{-12}
$SrCO_3$	5.6×10^{-10}	* $SrC_2O_4\cdot H_2O$	1.6×10^{-7}	$CuSCN$	4.8×10^{-15}
$ZnCO_3$	1.46×10^{-10}	$ZnC_2O_4\cdot2H_2O$	1.38×10^{-9}	* $AgBrO_3$	5.3×10^{-5}
铬酸盐		硫酸盐		* $AgIO_3$	3.0×10^{-8}
Ag_2CrO_4	1.12×10^{-12}	* Ag_2SO_4	1.4×10^{-5}	$Cu(IO_3)_2\cdot H_2O$	7.4×10^{-8}
* $Ag_2Cr_2O_7$	2.0×10^{-7}	* $BaSO_4$	1.1×10^{-10}	* * $KHC_4H_4O_6$(酒石酸氢钾)	3×10^{-4}
* $BaCrO_4$	1.2×10^{-10}	* $CaSO_4$	9.1×10^{-6}	* * Al(8-羟基喹啉)$_3$	5×10^{-33}
* $CaCrO_4$	7.1×10^{-4}	Hg_2SO_4	6.5×10^{-7}	* $K_2Na[Co(NO_2)_6]\cdot H_2O$	2.2×10^{-11}
* $CuCrO_4$	3.6×10^{-6}	* $PbSO_4$	1.6×10^{-8}	* $Na(NH_4)_2[Co(NO_2)_6]$	4×10^{-12}
* Hg_2CrO_4	2.0×10^{-9}	* $SrSO_4$	3.2×10^{-7}	* * Ni(丁二酮肟)$_2$	4×10^{-24}
* $PbCrO_4$	2.8×10^{-13}	硫化物		* * Mg(8-羟基喹啉)$_2$	4×10^{-16}
* $SrCrO_4$	2.2×10^{-5}	* Ag_2S	6.3×10^{-50}	* * Zn(8-羟基喹啉)$_2$	5×10^{-25}

注：摘自 David R Lide. Handbook of Chemistry and Physics. 78th edition，1997-1998.

* —摘自 J. A. Dean Ed. Lange's Handbook of Chemistry，13th. edition 1985；* * —摘自其他参考书。

　　废水中的金属离子可以通过投加石灰乳等氢氧化物生成沉淀而得以去除，几种重金属氢氧化物溶解度与 pH 值的关系如图 1 所示。氢氧化物沉淀的 pH 值高，对设备、建材的腐蚀程度大。石灰法反应传质速度较慢且产生的灰渣量大，工程设施的寿命不长，会出现较为严重的二次污染（大量废渣），并对工作人员的健康带来影响，因而工程实际使用不多；氢氧化钠或氢氧化钾法传质速度快，但成本高，规模较大，废水处理使用也较少。对于含有 Al、Zn 等两性物质，若 pH 值过高，会重新溶解变成酸性物质。因此，目前实际生产过程中氢氧化物法使用越来越少。

　　金属硫化物是比氢氧化物有更小溶度积的难溶沉淀物。在硫化物沉淀法中，促成金属离子沉淀的是 S^{2-}，由于 H_2S 存在下列平衡：

$$H_2S \longrightarrow 2H^+ + S^{2-} \tag{4}$$

在 1atm、25℃时，促成金属离子沉淀的 S^{2-} 浓度为：

$$S^{2-} = 1.1\times10^{-23}/[H^+]^2$$

根据溶度积常数 $K_{sp}=[Me^{2+}][S^{2-}]$，在投加硫化物处理后的微污染水源水、工业废水中，重金属离子的浓度为：

$$[Me^{2+}] = K_{sp}/[S^{2-}]$$

　　如果水处理过程中，适当调节升高溶液的 pH 值，$[H^+]$ 减少，溶液含中的 $[S^{2-}]$ 增加，从而去除更多的重金属离子，使出水重金属离子浓度显著降低。重金属硫化物的溶度积小，采用硫化物法去除重金属，能得到显著的去除效果，金属硫化物溶解度与 pH 值的关系曲线如图 2 所示。

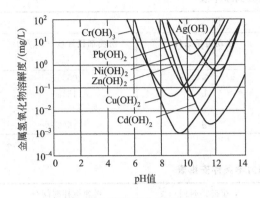
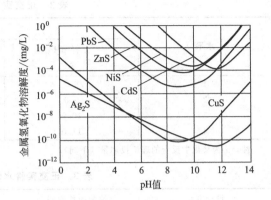

图 1　金属氢氧化物溶解度	图 2　金属硫化物溶解度
与 pH 值的关系	与 pH 值的关系

碳酸钠易溶于水，是一种弱酸盐，溶于水后发生水解反应。当其加入水中后会以 CO_3^{2-}、HCO_3^- 和 H_2CO_3 三种形式存在。向含有重金属离子 Me^{2+} 的微污染水源水、工业废水中投加碳酸钠，其中一部分碳酸根离子与重金属离子结合生成 $MeCO_3$ 胶体颗粒，另外一部分则仍以游离态存在，其反应过程可用下列反应方程式表示：

$$CO_3^{2-} + H_2O \rightleftharpoons HCO_3^- + OH^- \tag{5}$$

$$HCO_3^- + H_2O \rightleftharpoons H_2CO_3 + OH^- \tag{6}$$

$$Me^{2+} + CO_3^{2-} \rightleftharpoons MeCO_3 \downarrow \tag{7}$$

$$Me^{2+} + 2OH^- \rightleftharpoons Me(OH)_2 \downarrow \tag{8}$$

由式 7 可以看出，增加碳酸钠投加量可以促进 $MeCO_3$ 的生成。另外，水解生成的 HCO_3^- 和 H_2CO_3 对化学沉淀过程的 pH 值起缓冲作用，促进了反应沉淀效果。尽管碳酸法沉淀的溶度积较硫化物法、氢氧化物法的溶度积低，但碳酸法在微污染水源水处理中相对安全，可以作为重金属污染物去除的一种应急手段。

三、实验设备及材料

1. 实验用水：可依据学校所在城市的实际情况选择微污染水源水、工业企业含重金属离子（如含镉、铅等）的生产废水若干。

2. 实验材料：化学纯石灰或氢氧化钙、硫化钠、碳酸钠、盐酸、氢氧化钠若干。

3. 实验设备：六联搅拌器 1 台；1000mL 烧杯、1000mL 量筒、1mL 和 5mL 移液管若干；原子吸收光谱仪、酸度计；万分之一电子天平、温度计、秒表各 1 个。

四、实验步骤及记录

实验分组进行，每 3 人一组，任选其中一种实验用水进行实验。

（一）正交实验表的设计

实验以 pH 值、化学沉淀剂（氢氧化钠、硫化钠或碳酸钠）投加量、水动力学条件为研究对象，通过三因素四水平 L_{16}（4^3）（表 2）正交实验确定上述三因素对化学沉淀法去除重金属离子影响因素的主次性及其效果。正交实验的水动力学条件设计见表 3，正交实验安排见表 4。

表 2　正交实验因素水平表

水平	因　素		
	水样 pH A	水动力学条件 B	沉淀剂投加量/(mg/L) C
1	8.0	a	100%x
2	9.0	b	115%x
3	10.0	c	130%x
4	11.0	d	145%x

注：x 为某化学反应的理论投加量（下同）。

表 3　正交实验水动力学条件安排表

设计方案	快速搅拌时间/s	中速搅拌时间/s	慢速搅拌时间/s
a	30	270	600
b	45	255	600
c	60	240	600
d	75	225	600

表 4　正交实验安排表

工艺水平	1	2	3	A	B	C
1	1	1	1	8.0	a	100%x
2	1	2	2	8.0	b	115%x
3	1	3	3	8.0	c	130%x
4	1	4	4	8.0	d	145%x
5	2	1	2	9.0	a	115%x
6	2	2	1	9.0	b	100%x
7	2	3	4	9.0	c	145%x
8	2	4	3	9.0	d	130%x
9	3	1	3	10.0	a	130%x
10	3	2	4	10.0	b	145%x
11	3	3	1	10.0	c	100%x
12	3	4	2	10.0	d	115%x
13	4	1	4	11.0	a	145%x
14	4	2	3	11.0	b	130%x
15	4	3	2	11.0	c	115%x
16	4	4	1	11.0	d	100%x

（二）正交实验

1. 测量实验用水的水温、重金属离子浓度、pH 值。

2. 用 1000mL 量筒定量量取 16 个水样至 16 个大烧杯中。

3. 基于用水水质及主要污染物选择适宜的化学沉淀剂，计算确定实验最小投加量（基于化学反应的理论投加量确定），后按理论投加量 100%、115%、130% 和 145% 的计量设计沉淀剂投加量。同时，基于正交实验表安排调节实验水样的 pH 值。

4. 将烧杯置于搅拌机中，开启搅拌机，调整转速，中速运转数分钟，同时将设计混凝剂投加量分别用移液管投加到相应烧杯中，并按正交实验水动力学条件安排表（表 3）安排快速搅拌（300～500r/min）、中速搅拌（120～150r/min）、慢速搅拌（50～80r/min）的时间。

5. 搅拌过程中，注意观察并记录沉淀物形成的过程、沉淀物外观、大小等；搅拌结束后，将烧杯取出，置一旁静置沉淀 10min，观察化学沉淀过程。沉淀结束后，小心倒取烧杯中上清液约 100mL（够水样分析测试即可），检测化学沉淀后出水或上清液的重金属离子、pH 值，并记录原始数据（表 5）。

6. 基于实验结果进行数据统计，并结合化学沉淀过程所观察到的现象、相关原理，对实验结果进行讨论分析。如果实验结果不够理想，可基于实验结果重新设计实验，重复实验。

五、数据整理

1. 将出水水质结果及其重金属离子（如 Cd^{2+}、Pb^{2+}）的去除率填入表 5 中，计算 K_{ij} 和 R_j。

表 5　正交实验结果

序号	因素			出水 Me^{2+} /(mg/L)	去除率 /%
	pH 值 A	水动力学条件 B	沉淀剂投加量/(mg/L) C		
1	8.0	a	100%x		
2	8.0	b	115%x		
3	8.0	c	130%x		
4	8.0	d	145%x		
5	9.0	a	115%x		
6	9.0	b	100%x		
7	9.0	c	145%x		
8	9.0	d	130%x		
9	10.0	a	130%x		
10	10.0	b	145%x		
11	10.0	c	100%x		
12	10.0	d	115%x		
13	11.0	a	145%x		
14	11.0	b	130%x		
15	11.0	c	115%x		
16	11.0	d	100%x		
K_{1j}					
K_{2j}					
K_{3j}					
K_{4j}					
R_j					

以出水 M^{2+} 浓度为评判依据

2. 作因素与指标的关系图

以指标 $\overline{K}$ 为纵坐标、因素水平为横坐标作图，得各因素与指标的关系。依据因素与指标关系图直观确定影响因素对重金属离子去除率的影响。

3. 比较各因素极差 R，排出因素的主次顺序。

六、思考题

1. 简述正交实验使用的前提、因素水平设计及如何进行实验结果分析评判。
2. 结合化学沉淀原理，说明化学沉淀法处理重金属离子废水的主要影响因素。

七、注意事项

实验取水时要搅拌均匀，水样要一次量取，以避免所取水样水质不均。

实验三　化学沉淀法处理高氮磷废水正交实验

氮、磷广泛存在于生活污水、污泥浓缩和消化废水、畜禽养殖废水、稀土生产废水、垃圾渗滤液等各种污（废）水中，对水体的富营养化带来了严重影响，必须予以去除。在日常的水处理中，氨氮一般通过生物硝化反硝化去除，但其污泥负荷低，反应速率慢，水处理构筑物投资及运行成本较高；生物除磷速度较快，但污泥负荷较低，通过生物除磷的量较为有限。因此，生物脱氮除磷仅适宜于含较低氮磷浓度的生活污水和工业废水处理。对于含较高氮磷浓度的污（废）水，如化肥生产废水、磷化工废水、污泥浓缩和消化废水、畜禽养殖废水、稀土生产废水等，常常需要采用化学沉淀法去除。

化学沉淀法处理高氮磷废水时，由于污（废）水成分复杂，常含有大量 SS、氮和磷、钙和镁离子、酸和碱等，使水处理受到多种因素影响，且各个因素互相交织，需要采用正交设计法安排实验，以减少多因素实验次数，获取可靠的实验结果。

化学沉淀法影响因素众多，如化学药剂类型及其投加量、pH 值、水动力学条件、污染物组分及含量、干扰物质组分及含量等。采用正交实验设计研究多因素实验问题，利于学生熟悉了解正交实验使用的前提和方法、因素筛选、实验结果统计分析等相关知识，提高发现问题和解决问题的能力。

一、实验目的

1. 初步掌握正交实验使用的前提、方法、因素水平设计及实验结果统计分析。

2. 理解磷酸盐沉淀法、MAP 法等化学沉淀法的基本原理及方法。

3. 了解污染物种类及含量、pH 值、水动力学条件等多因素的筛选和正交实验设计，并分析各因素对氮磷去除率的影响，确定适宜的实验条件。

4. 了解氮磷化学沉淀反应的主要形式、反应设备、工艺技术参数及其工程构筑物设计。

二、实验原理

污（废）水中的溶解性磷酸盐能与钙、镁、铝、铁、氨等离子生成难溶性磷酸盐而从污（废）水中去除。如磷酸铝的溶度积为 6.3×10^{-19}、磷酸钙的溶度积为 2.0×10^{-29}、磷酸铵镁的溶度积为 2.5×10^{-13}、磷酸镁的溶度积为 1.04×10^{-24}（见实验二表1），易于通过化学沉淀法将磷、氮去除。

1. 化学沉淀法除磷

由于磷酸盐的离子形态与废水的 pH 值有关，其只有在 pH 值大于 7 的条件下，才能形成能被化学除磷剂去除的 HPO_4^{2-} 和 PO_4^{3-}。用于化学除磷的药剂有钙盐、铝盐和铁盐，最常用药剂是石灰、硫酸铝、三氯化铁和硫酸亚铁。

（1）磷酸钙的沉淀作用　化学除磷通常用 $Ca(OH)_2$ 作沉淀剂。当向废水中加入 $Ca(OH)_2$ 时，它首先同水中的碳酸氢盐发生反应生成 $CaCO_3$ 沉淀，随着废水中 pH 值升高直到超过 10 时，多余的 Ca^{2+} 会与磷酸根发生反应生成羟磷灰石 $Ca_{10}(PO_4)_6(OH)_2$ 沉淀，反应式如下：

$$10Ca^{2+} + 6PO_4^{3-} + 2OH^- \longrightarrow Ca_{10}(PO_4)_6(OH)_2 \tag{1}$$

由于 $Ca(OH)_2$ 会与废水中的碱度发生反应，反应中所需 $Ca(OH)_2$ 的量与废水中需沉淀去除的磷酸根的量无关，而主要取决于废水的碱度。由于该反应只在 pH>10 时发生，因此首先要将废水的 pH 值升高，反应结束后再将出水 pH 值调节至 9 以下，一般采用加入 CO_2 降低 pH 值。在实际工程中，这种工艺不仅成本高，而且产泥量大，对设备的腐蚀性也强，可操作性较差。

（2）磷酸铝和磷酸铁的沉淀作用　铝盐和铁盐除磷在工程中使用较多，具体反应如下。

对三价铁盐和铝盐　主反应：
$$Me^{3+}+PO_4^{3-}\longrightarrow MePO_4\downarrow \tag{2}$$

副反应：
$$Me^{3+}+HCO_3\longrightarrow Me(OH)_3\downarrow +CO_2\uparrow \tag{3}$$
$$Me^{3+}+H_2O\longrightarrow Me(OH)_3\downarrow +H^+ \tag{4}$$

由于磷酸的离解：
$$H_3PO_4\longrightarrow H^++H_2PO_4^- \tag{5}$$
$$H_2PO_4^-\longrightarrow H^++HPO_4^{2-} \tag{6}$$
$$HPO_4^{2-}\longrightarrow H^++PO_4^{3-} \tag{7}$$

金属离子与 HPO_4^{2-} 和 $H_2PO_4^-$ 形成溶解性复合物：
$$Me^{3+}+HPO_4^{2-}\longrightarrow MeHPO_4^+ \tag{8}$$
$$Me^{3+}+H_2PO_4^-\longrightarrow MeH_2PO_4^{2+} \tag{9}$$

溶解性复合物的存在是残留溶解磷浓度升高的原因。因此，控制适当的 pH 值利于磷的去除。据研究，溶解性磷酸盐与金属盐发生化学沉淀反应的机理为：pH 值低于 8.0、金属盐投加量较少时，形成 $MePO_4$ 沉淀，并对溶解性磷有一定的吸收作用；随着金属盐投加量的增加，残留溶解磷浓度达到临界点，出现 $Me(OH)_3$ 或 $MeOOH(s)$ 沉淀。

在上述反应中，1mol 铝盐或铁盐可以沉淀 1mol 磷酸盐。由于碱度、pH 值以及沉淀反应竞争等多种情况存在，尤其是使用聚合物作为沉淀剂时，所需沉淀剂投加量通常需要实验来确定。

2. 同时化学脱氮除磷

磷酸铵镁（$MgNH_4PO_4\cdot 6H_2O$）俗称鸟粪石，简称 MAP，是一种难溶于水的白色物质。MAP 法就是将 Mg^{2+} 加入到含有磷酸盐和氨氮的污（废）水中，反应生成难溶的磷酸铵镁沉淀，从而同时去除污（废）水中的磷酸盐和氨氮。

在含有 NH_4^+ 和 PO_4^{3-} 的废水中投加镁盐，会发生以下化学反应：

主反应：
$$NH_3+H_2O\longrightarrow NH_4^++OH^- \tag{10}$$
$$Mg^{2+}+PO_4^{3-}+NH_4^++6H_2O\longrightarrow MgNH_4PO_4\cdot 6H_2O\downarrow \tag{11}$$
$$Mg^{2+}+HPO_4^{2-}+NH_4^++6H_2O\longrightarrow MgNH_4PO_4\cdot 6H_2O\downarrow +H^+ \tag{12}$$
$$Mg^{2+}+H_2PO_4^-+NH_4^++6H_2O\longrightarrow MgNH_4PO_4\cdot 6H_2O\downarrow +2H^+ \tag{13}$$

副反应：
$$Mg^{2+}+PO_4^{3-}+2H^+\longrightarrow Mg(H_2PO_4)_2 \tag{14}$$
$$Mg^{2+}+PO_4^{3-}+H^+\longrightarrow MgHPO_4\downarrow \tag{15}$$
$$Mg^{2+}+PO_4^{3-}\longrightarrow Mg_3(PO_4)_2 \tag{16}$$
$$Mg^{2+}+H_2O\longrightarrow Mg(OH)_2+2H^+ \tag{17}$$

$$K_{sp}=[NH_4^+][Mg^{2+}][PO_4^{3-}]=2.5\times 10^{-13}(25℃)$$

从磷酸铵镁的 K_{sp} 可以看出，磷酸铵镁易于发生沉淀，但磷酸铵镁沉淀受诸多因素的影响：

pH 值条件决定了生成磷酸铵镁的各种离子在水中达到平衡时的存在形态和活度。在一定范围内，磷酸铵镁在水中的溶解度随着 pH 值的升高而降低；但当 pH 值升高到一定值时，磷酸铵镁的溶解度会随 pH 值的升高而增大。这是因为在 pH 值较高的情况下，PO_4^{3-} 的平衡浓度会增加，而 Mg^{2+} 和 NH_4^+ 的平衡浓度则会下降，所以在磷酸铵镁的形成过程中，存在着一个最优 pH 值，可使磷酸铵镁的溶解度达到最小值。Booram 测得的磷酸铵镁溶度积与 pH 值的函数关系见图 1。

由式（11）和（12）可知，在生成磷酸铵镁的反应过程中，溶液的 pH 值会逐渐降低。较低的 pH 值会增大磷酸铵镁的溶解度。因此，在磷酸铵镁沉淀法中，需加碱维持一定的 pH 值。pH 值不仅影响磷酸铵镁的生成量，也影响磷酸铵镁的成分。如果平衡时的 pH 值高于 10，沉淀的主要成分为 $Mg_3(PO_4)_2$；如果平衡时的 pH 值高于 11，沉淀的主要成分变为 $Mg(OH)_2$。此外，在强碱条件下，溶液中的 NH_4^+ 会转化为 NH_3，影响磷酸铵镁的生成，从而影响磷的去除。可见，pH 值对磷酸铵镁法去除氮磷起着至关重要的作用。

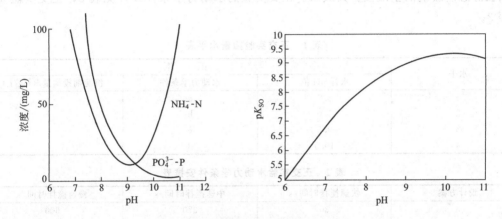

图 1　磷酸铵镁溶度积与 pH 之间的关系

形成磷酸铵镁的前提是三种离子的溶度积超过磷酸铵镁平衡时的溶度积。只要其中一种离子浓度较高，就容易达到过饱和状态而发生沉淀。研究表明，磷酸铵镁晶体的纯度与初始氨氮浓度有关，NH_4^+ 相对于 Mg^{2+} 和 PO_4^{3-} 的理论配比（1∶1∶1）过量越多则生成的晶体就越纯。而依据"同离子效应"，增大 Mg^{2+}、PO_4^{3-} 的配比能够促进反应正向进行，使 NH_4^+ 和 PO_4^{3-} 被充分去除，提高 Mg^{2+} 的比例，使 Mg^{2+}∶NH_4^+>1，保持 PO_4^{3-} 的配比接近或略低于 NH_4^+，才能保证在合适的 pH 值条件下，氨、磷被最大限度地去除，而同时剩余磷含量得到控制。实际中由于副反应的存在，难免会有 $Mg(OH)_2$、$Mg_3(PO_4)_2$ 等物质生成从而消耗溶液中的 Mg^{2+}，所以也需要调高其配比来保证有充足的药剂参加反应。

磷酸铵镁的形成也受钙和镁相对浓度的影响，当溶液体系形成磷酸钙时，磷酸铵镁的形成被抑制。增加钙的浓度会抑制磷酸铵镁的生长，甚至影响磷酸铵镁晶体的形成。因此，当处理对象废水中钙离子浓度较高时，必须先通过碳酸法去除钙离子。

用于磷酸铵镁沉淀的 Mg 源主要为 $MgCl_2$，$MgCl_2$ 水溶性好、反应迅速，是较为理想的沉淀剂。目前，国内钾肥生产后会产生大量副产物 $MgCl_2$，价格低廉，实际工作中多选择 $MgCl_2$ 作沉淀剂。

三、实验设备及材料

1. 实验用水：可依据学校所在城市的实际情况选择城市污水处理厂浓缩池或消化池上

清液、含氮磷的生产废水（如稀土生产废水、畜禽养殖废水）若干。

2. 实验材料：化学纯氯化镁、硫酸铝、三氯化铁、氢氧化钙、氢氧化钠、盐酸、磷酸氢二钠、碳酸钠若干。

3. 实验设备：六联搅拌器 1 台；1000mL 烧杯、1000mL 量筒、1mL 和 5mL 移液管若干；原子吸收光谱仪、分光光度计、pH 计；万分之一电子天平、温度计、秒表。

四、实验步骤及记录

实验分组进行，每 3 人一组，任选其中一种实验用水进行实验。

（一）化学沉淀法除磷实验

1. 正交实验表的设计

实验以水中总磷浓度、化学沉淀剂（硫酸铝、三氯化铁或氢氧化钙）投加量、水动力学条件为研究对象，通过三因素四水平 L_{16}（4^3）（见表 1）正交实验确定上述三因素对化学沉淀法去除总磷影响的主次性及其效果。正交实验的水动力学条件设计见表 2，正交实验安排见表 3。

表 1 正交实验因素水平表

水平	因素		
	水样 pH 值	水动力学条件	沉淀剂投加量/(mg/L)
1	8.5	a	
2	9.0	b	
3	9.5	c	
4	10.0	d	

表 2 正交实验水动力学条件安排表

设计方案	快速搅拌时间/s	中速搅拌时间/s	慢速搅拌时间/s
a	30	270	600
b	45	255	600
c	60	240	600
d	75	225	600

表 3 正交实验安排表

工艺水平	1	2	3	A	B	C
1	1	1	1	8.5	a	100%x
2	1	2	2	8.5	b	115%x
3	1	3	3	8.5	c	130%x
4	1	4	4	8.5	d	145%x
5	2	1	2	9.0	a	115%x
6	2	2	1	9.0	b	100%x
7	2	3	4	9.0	c	145%x
8	2	4	3	9.0	d	130%x
9	3	1	3	9.5	a	130%x
10	3	2	4	9.5	b	145%x
11	3	3	1	9.5	c	100%x
12	3	4	2	9.5	d	115%x
13	4	1	4	10.0	a	145%x
14	4	2	3	10.0	b	130%x
15	4	3	2	10.0	c	115%x
16	4	4	1	10.0	d	100%x

2. 正交实验

① 测量实验用水的水温、TP、pH 值。

② 绘制总磷标准曲线。准备好总磷标准液，向 7 支 50mL 具塞比色管中分别加入浓度为 50mg/L 的总磷标准使用液 0.00mL、0.50mL、1.00mL、3.00mL、5.00mL、10.00mL、15.00mL，加超纯水至 25mL，再分别向 7 支比色管中加入 4mL 浓度为 50g/L 过硫酸钾溶液，摇匀，将具塞刻度管的盖塞紧后，用纱布和线将玻璃塞扎紧，放在 1000mL 大烧杯中置于高压蒸气消毒器中加热，待压力达到 $1.1kg/cm^2$，相对温度为 120℃时，保持 30min 后停止加热。待压力表读数降至零后，取出放冷，加超纯水稀释至 50mL。加入 1mL 抗坏血酸溶液（100g/L），摇匀，再加入 2.0mL 钼酸盐溶液（配制参见 GB 11893—89），充分摇匀。室温放置 15min 后，在波长为 700nm 下，用 10mm 比色皿，以超纯水做参比，测量吸光度。记录原始数据于表 4 中，绘制标准曲线。

表 4 标准曲线实验数据

标准溶液投加量/mL	0.00	0.50	1.00	3.00	5.00	10.00	15.00
总磷含量/(mg/L)							
吸光度							

③ 用 1000mL 量筒量取 16 个水样至 16 个大烧杯中。基于用水水质选择适宜的化学沉淀剂（氯化镁、硫酸铝、三氯化铁、氢氧化钙），计算确定实验最小投加量（基于化学反应的理论投加量确定），后按理论投加量 100%、115%、130%、145% 的计量设计沉淀剂投加量；同时，基于正交实验表安排调节水样 pH 值。

④ 将烧杯置于搅拌机中，开启搅拌机，调整转速，中速运转数分钟，同时将设计混凝剂投加量分别用移液管投加到相应烧杯中，并按正交实验水动力学条件安排表（表 2）安排快速搅拌（300～500r/min）、中速搅拌（120～150r/min）、慢速搅拌（50～80r/min）的时间。

⑤ 搅拌过程中，注意观察并记录沉淀物形成的过程、沉淀物外观、大小等；搅拌结束后，将烧杯取出，置一旁静置沉淀 10min，观察化学沉淀过程。沉淀结束后，小心倒取烧杯中上清液约 100mL（够水样分析测试即可），检测化学沉淀后出水或上清液的 TP、pH 值，并记录原始数据（表 5）。

⑥ 基于实验结果进行数据统计，并结合化学沉淀过程所观察到的现象、相关原理，对实验结果进行讨论分析。如果实验结果不够理想，可基于实验结果重新设计实验，重复实验。

(二) 化学沉淀法同时去除氮磷实验

1. 正交实验表的设计

实验以水中氨氮和磷酸根离子浓度、化学沉淀剂（氯化镁）投加量、水动力学条件为研究对象，通过三因素四水平 $L_{16}(4^3)$（表 6）正交实验确定上述三因素对化学沉淀法同时去除氮磷影响的主次性及其效果。正交实验的水动力学条件设计见表 2，正交实验安排见表 3。

2. 正交实验

① 测量实验用水的水温、氨氮、总磷、钙离子、pH 值。

② 绘制总磷标准曲线。同本实验（一）相关实验步骤。

表 5 正交实验结果

序号	因素			出水总磷 /(mg/L)	总磷去除率 /%
	水样 pH A	水动力学条件 B	沉淀剂投加量/(mg/L) C		
1	8.5	a	100%x		
2	8.5	b	115%x		
3	8.5	c	130%x		
4	8.5	d	145%x		
5	9.0	a	115%x		
6	9.0	b	100%x		
7	9.0	c	145%x		
8	9.0	d	130%x		
9	9.5	a	130%x		
10	9.5	b	145%x		
11	9.5	c	100%x		
12	9.5	d	115%x		
13	10.0	a	145%x		
14	10.0	b	130%x		
15	10.0	c	115%x		
16	10.0	d	100%x		
K_{1j}					
K_{2j}					
K_{3j}					
K_{4j}					
R_j					

以出水总磷浓度为评判依据

表 6 正交实验因素水平表

水平	因素		
	水样 pH 值	水动力学条件	氯化镁投加量/(mg/L)
1	8.5	a	
2	9.0	b	
3	9.5	c	
4	10.0	d	

③ 绘制氨氮标准曲线。准备氨氮标准液,向 8 支 50mL 比色管中分别加入浓度为 10mg/L 的氨氮标准使用液 0.00mL、0.50mL、1.00mL、2.00mL、4.00mL、6.00mL、8.00mL、10.00mL,加超纯水至标线。加入 1mL 酒石酸钾钠溶液,摇匀,再加入纳氏试剂 1.0mL,摇匀。放置 10min 后,在波长为 420nm 下,用 10mm 比色皿,以超纯水做参比,测量吸光度。记录原始数据于表 7 中,绘制标准曲线。

表 7 标准曲线实验数据

标准溶液投加量/mL	0.00	0.50	1.00	2.00	4.00	6.00	8.00	10.00
氨氮含量/(mg/L)								
吸光度								

④ 用 1000mL 量筒量取 16 个水样至 16 个大烧杯中。基于用水水质计算确定氯化镁沉淀剂最小投加量(基于化学反应的理论投加量确定),后按理论投加量 100%、115%、130%、145%的计量设计沉淀剂投加量,同时调节水样 pH 值分别为 8.5、9.0、9.5、

10.0。如果废水中含有较高浓度的钙离子，则先基于化学反应理论投加量的120％投加碳酸钠，消除钙离子对 MAP 法的影响。

⑤ 将烧杯置于搅拌机中，开启搅拌机，调整转速，中速运转数分钟，同时将设计混凝剂投加量分别用移液管投加到相应烧杯中，并按正交实验水动力学条件安排表（表2）安排快速搅拌（300～500r/min）、中速搅拌（120～150r/min）、慢速搅拌（50～80r/min）的时间。

⑥ 搅拌过程中，注意观察并记录沉淀物形成的过程、矾花外观、大小等；搅拌结束后，将烧杯取出，置一旁静置沉淀 10min，观察化学沉淀过程。沉淀结束后，小心倒取烧杯中上清液约 100mL（够水样分析测试即可），检测化学凝沉淀后出水或上清液的氨氮、总磷、pH 值，并记录原始数据（表8）。

⑦ 基于实验结果进行数据统计，并结合化学沉淀过程所观察到的现象、相关原理，对实验结果进行讨论分析。如果实验结果不够理想，需检测钙、镁离子浓度，再基于实验结果重新设计实验，重复实验步骤。

表8　正交实验结果

序号	因素			出水/(mg/L)		去除率/%	
	水样 pH 值 A	水动力学条件 B	沉淀剂投加量/(mg/L) C	氨氮	总磷	氨氮	总磷
1	8.5	a	100%x				
2	8.5	b	115%x				
3	8.5	c	130%x				
4	8.5	d	145%x				
5	9.0	a	115%x				
6	9.0	b	100%x				
7	9.0	c	145%x				
8	9.0	d	130%x				
9	9.5	a	130%x				
10	9.5	b	145%x				
11	9.5	c	100%x				
12	9.5	d	115%x				
13	10.0	a	145%x				
14	10.0	b	130%x				
15	10.0	c	115%x				
16	10.0	d	100%x				
K_{1j}				以出水氨氮浓度为评判依据			
K_{2j}				以出水氨氮浓度为评判依据			
K_{3j}				以出水总磷浓度为评判依据			
K_{4j}				以出水总磷浓度为评判依据			
R_j							

五、数据整理

1. 将出水水质结果及其氨氮、总磷的去除率填入表8中，分别计算氨氮和总磷的 K_{ij} 和 R_j。

2. 作因素与指标的关系图。以指标 $\overline{K}$ 为纵坐标、因素水平为横坐标作图，分别得各因素与指标的关系。依据因素与指标关系图直观确定影响因素对氨氮、总磷去除率的影响。

3. 比较氨氮、总磷的各因素极差 R，排出因素的主次顺序。

六、思考题

1. 结合本实验研究，简述正交实验使用的前提、因素水平设计及如何进行实验结果分析评判。

2. 结合化学沉淀原理，说明化学沉淀法处理氮磷废水的主要影响因素。

七、注意事项

实验取水时要搅拌均匀，水样要一次量取，以避免所取水样水质不均。

实验四　活性炭吸附实验

当气相或液相中的物质与多孔性固相物质接触时，在固体相界面上被富集的现象称为吸附。具有吸附能力的多孔性固体物质称为吸附剂，而被吸附的物质称为吸附质。吸附是一种界面反应，它与吸附剂的表面特性有密切的关系。

活性炭是国内外水处理应用较多的一种的吸附剂。活性炭具有非极性表面，为疏水性和亲有机物的吸附剂。活性炭比表面积一般高达 $500 \sim 1700 \mathrm{m^2/g}$，其中小微孔占活性炭总表面积的 95% 以上，在活性炭吸附中具有重要意义。

通过活性炭吸附实验，帮助学生了解活性炭的种类及吸附对象、活性炭吸附原理或作用机理、活性炭的吸附工艺及性能、活性炭吸附在水处理中的工艺技术参数。

一、实验目的

1. 加深理解吸附的基本原理。

2. 计算活性炭的吸附容量 q_e，了解活性炭的吸附对象和吸附能力。

3. 了解活性炭静态吸附或间歇吸附、动态吸附或连续吸附工艺及其在水处理中的工艺技术参数（环境工程专业）。

4. 了解吸附的主要影响因素，绘制活性炭对有机物的吸附等温线（环境科学专业）。

二、实验原理

活性炭吸附是目前国内外应用较多的一种水处理技术。由于活性炭密度小、比表面积大，对水中有机物（尤其是有毒有害有机物）、重金属、色度等具有较好的吸附去除作用，但其吸附容量较低，因此，活性炭吸附主要应用于低浓度、小水量、含有有毒有害有机物或重金属废水的处理，二沉池出水深度处理，微污染水源水处理和纯净水处理，有毒有害有机废水生物处理的预处理或作为活性污泥载体。

活性炭吸附过程中，吸附质从液相转移到吸附剂孔隙相界面的吸附一般具有以下四个过程：液体主体的扩散过程、液膜扩散过程、微孔内扩散过程、微孔内表面吸附反应过程。通常微孔内表面吸附的反应速度非常快，因此，吸附速度主要是由液膜扩散过程和吸附剂微孔内扩散过程所控制。在吸附量比较少的吸附开始阶段，往往是液膜扩散起控制作用，而当吸附量增加时，则颗粒内扩散起主要作用。

根据吸附剂与吸附质之间作用力的不同，可将吸附分为物理吸附和化学吸附两种类型。物理吸附是一种可逆吸附，化学吸附是单分子层吸附，吸附质被吸附后较为稳定，不易解吸。在水处理中，大部分吸附是两种吸附综合的结果。当活性炭在溶液中的吸附速度和解吸速度相等时，即单位时间内活性炭吸附的数量等于解吸的数量时，此时被吸附物质在溶液中的浓度和在活性炭表面的浓度均不再变化而达到了平衡，此时的动态平衡称为活性炭吸附平衡，而此时被吸附物质在溶液中的浓度称为平衡浓度。活性炭的吸附能力以吸附量 q_e 表示。

$$q_e = \frac{(c_0 - c_e)V}{m} \tag{1}$$

式中，c_0 为水中污染物原始浓度，mg/L；c_e 为水中污染物平衡浓度，mg/L；m 为活性炭投加量，g；V 为废水量，L；q_e 为活性炭吸附量，mg/g。

在一定温度条件下，吸附量随吸附质平衡浓度的提高而增加，把吸附量随平衡浓度变化的函数关系用吸附等温式表示出来，所绘制成的曲线称为吸附等温线。常见的吸附等温线有 Ⅰ 型弗兰德利希公式和朗格缪尔公式、Ⅱ 型 BET 公式三种类型。

弗兰德利希（Freundich）方程：

$$q = Kc^{1/n} \qquad (2)$$

式中，q 为吸附容量，mg/g；c 为污染物的平衡浓度，mg/L；K、l/n 为常数。对该式两边取对数，得：

$$\lg q = \lg K + \frac{1}{n}\lg c \qquad (3)$$

式中，q 值越大，表示吸附剂的吸附容量越大。$1/n$ 表示随着废水中有机物浓度的增加，吸附剂吸附容量增加的速度，当 $1/n$ 在 $0.1 \sim 0.5$ 时，表明该污染物容易被吸附剂吸附，当 $1/n > 2$ 时则表示该污染物难以被吸附剂吸附。因此，对于一个吸附过程，$1/n$ 越大则吸附质的平衡浓度越高，吸附量越大，因而适宜采用连续式吸附操作；反之，多采用间歇式吸附操作。

朗格缪尔吸附也称为单分子层吸附，吸附方程为：

$$q = \frac{abc}{1+bc} \qquad (4)$$

式中，a、b 为常数，其中 a 为与最大吸附量有关的常数；b 为与吸附能量有关的常数。为便于计算，对上式进行转换，得：

$$\frac{1}{q} = \frac{1}{a} + \frac{1}{abc} \qquad (5)$$

BET 等温式为多层分子吸附。它的数学表达式为：

$$q = \frac{Bc_e q_0}{(c_s - c_e)\left[1 + (B-1)\dfrac{c_e}{c_s}\right]} \qquad (6)$$

式中，c_s 为饱和浓度，即平衡浓度 c_e 的极限值，g/L；B 为常数。

吸附受多方面因素影响，包括吸附剂的性质（比表面积、细孔分布、表面化学性质以及吸附剂粒度大小等）、吸附质的性质（溶解度、表面张力、分子结构、极性、分子大小、浓度）、pH 值、温度、共存物质（如汞、铬酸、铁等在活性炭的表面将发生氧化-还原反应，生成物沉淀在颗粒内，会妨碍有机物向颗粒内扩散）。活性炭为非极性表面，因而易吸附疏水性和有机类物质。

由于活性炭水处理过程中存在液膜扩散速度对吸附的影响，选择适当形式的吸附装置（间歇吸附或连续吸附工艺）和通水速度等对水处理是非常重要的。

三、实验设备及材料

1. 实验用水：本实验可以是间歇式或连续流式，因连续流式需水量较大，教学实验一般采用间歇性吸附实验。实验用水可以是配制的，也可以采用实际生产用水。实验可基于学校实验条件、办学特色、所在城市水环境污染情况选择配水（采用纯水添加亚甲基蓝、苯酚、番红花 T 或其他有机物配制）、或含酚废水、印染废水、含镉等重金属废水、微污染水源水、污水处理厂二沉池出水等。

2. 实验材料：粉末活性炭或颗粒活性炭、苯酚标准液、亚甲基蓝或番红花 T 配制以及分析相关项目（如重金属、COD 等）的所需试剂。

3. 实验设备：六联搅拌器或恒温振荡器 1 台；1000mL 烧杯或 500mL 磨口玻塞锥形瓶、1000mL 量筒、1mL 和 5mL 移液管、比色管、滤纸、漏斗等若干；COD 快速测定仪、紫外分光光度计或原子吸收光谱仪；万分之一电子天平、温度计、秒表各 1 个。

四、实验步骤

学生每 3 人一组，任选其中一种实验用水进行实验。

（一）含色度有机废水的活性炭吸附实验

1. 准备与配水水质配套颜色添加剂的标准液或配制液（如亚甲基蓝、苯酚、番红花 T 等），用分光光度计得出吸收与波长的关系，确定产生最大吸收时的波长；分别吸取 100mg/L 的 0mL、0.50mL、1.0mL、1.50mL、2.00mL、2.50mL、3.00mL 有机染料液或苯酚标准液于 10mL 比色管中，配制 0.00mg/L、5.00mg/L、10.00mg/L、15.00mg/L、20.00mg/L、25.00mg/L、30.00mg/L 的标准系列，以水为参比，1cm 比色皿于 500nm 处测其吸光度，记录原始数据于表 1 中，绘制标准曲线。

2. 依次称活性炭 50mg、100mg、150mg、200mg、250mg、300mg 于 6 个 1000mL 大烧杯或三角烧杯中，加入配制的染料水或工业企业印染废水 600mL，置于搅拌机上，以 200r/min 转速搅拌 10min，或置于恒温振荡器 25℃恒温振荡 30min。

3. 取出烧杯，静置 5min 后过滤（滤纸过滤初滤液 50mL 润洗滤纸、烧杯，弃去不用），滤液测定吸光度，记录原始数据于表 2 中。

4. 在标准曲线上查出活性炭吸附后污染物（亚甲基蓝、苯酚或番红花 T）的浓度，计算污染物的去除率和活性炭吸附量，实验数据记于表 3 中，并根据实验结果绘制活性炭的吸附等温线，确定活性炭吸附容量和吸附常数 K、n。

表 1 标准曲线实验数据

标准溶液投加量/mL	0	0.50	1.00	1.50	2.00	2.50	3.00
污染物含量/(mg/L)	0.00	5.00	10.00	15.00	20.00	25.00	30.00
吸光度							

表 2 活性炭吸附实验数据

活性炭投加量/mg	0.00	50	100	150	200	250	300
吸光度							

表 3 活性炭吸附实验数据处理表 $t=$

编号	水样体积 V/mL	活性炭投加量 m/g	进水浓度 c_0/(mg/L)	平衡浓度 c_e /(mg/L)	c_0-c_e /(mg/L)	q_e /(mg/g)
1						
2						
3						
4						
5						
6						

（二）有机废水、重金属废水的活性炭吸附实验

1. 测试含酚废水、印染废水、含镉等重金属废水、微污染水源水、污水处理厂二沉池出水等实际生产废水的主要水质指标（如 COD 或重金属离子），根据污染物含量初步确定活性炭最大投加量，设计每个水样的活性炭投加量。

2. 依次称活性炭 50mg、100mg、150mg、200mg、250mg、300mg（或其他含量）于 6 个 1000mL 大烧杯中或三角烧杯，加入所取工业废水 600mL，置于搅拌机上，以 200r/min 的转速搅拌 10min，或置于恒温振荡器 25℃恒温振荡 30min。

3. 取出烧杯，静置 5min 后迅速过滤（为利于学生实验，本实验活性炭吸附可能没有达到平衡，过滤时需确保吸附时间相同；滤纸过滤初滤液 50mL 润洗滤纸、烧杯，弃去不用），滤液测定 COD 或某一重金属离子，记录原始数据于表 2 中。

4. 计算污染物（COD 或某一重金属离子）的去除率和活性炭吸附量，实验数据记于表 3 中，并根据实验结果绘制活性炭的吸附等温线，确定活性炭吸附容量及吸附常数 K、n。

五、数据整理

1. 绘制标准曲线。

2. 计算吸附容量。

3. 绘制吸附等温线，确定常数 K、n 及吸附类型。

如果是连续流式实验，需绘制穿透曲线，计算色度、COD 或重金属在不同时间内转移到活性炭表面的量，画出去除量与时间的关系线。

六、实验结果讨论

1. 活性炭投加量对于吸附平衡浓度、吸附量有什么影响？如果改变进水水温、浓度，会对实验结果带来哪些影响？

2. 实验结果受哪些因素影响较大，如果进水含油和较高浓度的 SS，会对实验结果带来哪些影响？

3. 静态吸附和动态吸附有何特点？动态吸附实验应如何操作？

4. 活性炭能否吸附污（废）水中的氨氮，为什么？

5. 如果实验用水以及吸附后出水的吸光度不在标准曲线的范围内，水样的分析该如何处理？

实验五 沸石氨氮吸附实验

当气相或液相中的物质与多孔性固相物质接触时，在固体相界面上被富集的现象称为吸附。具有吸附能力的多孔性固体物质称为吸附剂，而被吸附的物质称为吸附质。

沸石又被称为分子筛，具有物理吸附性能和离子交换特性（常被统称为"吸附"）。沸石是国内外水处理常用的一种的吸附剂，能与环境中的 NH_4^+、K^+、Na^+、Ca^{2+}、Pb^{2+} 等阳离子发生交换而不改变沸石的晶体结构，常用于水溶液体系中氨氮和重金属的去除。

通过沸石的氨氮吸附实验，可以帮助学生了解沸石的吸附原理或作用机理、沸石对氨氮的选择性吸附特性、沸石氨氮吸附的工艺技术参数。

一、实验目的

1. 加深理解吸附的基本原理。

2. 计算沸石的吸附容量 q_e，了解沸石的吸附对象和吸附能力。

3. 了解沸石静态吸附或间歇吸附、动态吸附或连续吸附工艺及其在水处理中的工艺技术参数（环境工程专业）。

4. 了解沸石吸附的主要影响因素，绘制沸石对氨氮的吸附等温线（环境科学专业）。

二、实验原理

沸石一般可以用化学式 $(Na,K)_x(Mg,Ca,Sr,Ba)_y[Al_{x+2y}Si_{n-(x+2y)}O_{2n}] \cdot mH_2O$ 表示，其中 Al 的个数等于阳离子的总价数，O 的个数为 Al 和 Si 总数的 2 倍。不同矿物种水分子数各异。沸石作为架状结构的多孔性含水铝硅酸盐晶体，以 SiO_4 四面体连接，可形成四元环、五元环、六元环、八元环、十元环、十二元环等多环结构或多种形状的规则空（或孔）穴。在 SiO_4 四面体中，氧原子中有的价键未得到中和，使整个铝氧四面体带有负电荷，为保护电中和，缺少的正电荷由附近带正电的阳离子如 K^+、Na^+、Ca^{2+}、Mg^{2+} 等碱土金属离子来补偿平衡，这些平衡阳离子和水分子极易与周围水溶液里的阳离子发生交换，使沸石具有离子交换特性，对极性分子具有很强的吸附作用，因而沸石具有吸附、阳离子交换性能。沸石的离子选择交换顺序如下：$Cs^+ > Rb^+ > NH_4^+ > K^+ > Na^+ > Li^+ > Ba^{2+} > Sr^{2+} > Ca^{2+} > Fe^{3+} > Al^{3+} > Mg^{2+} > Li^+$。

在一般情况下，水体和污（废）水中 Cs^+、Rb^+ 以及 K^+ 含量低，因而沸石表现为对 NH_4^+ 有很强的吸附作用，常被用于氨氮的吸附，或者作为含硝化菌活性污泥的载体，吸附、富集氨氮，为硝化菌提供高的氨氮浓度梯度界面，促进活性污泥的硝化作用。

沸石可用于自来水厂微污染水源水的处理（如我国常州市自来水厂）、低浓度含氮废水的处理（如二沉池出水的深度处理）以及含重金属废水的处理，但其吸附容量不高，常需要采用盐水离子交换再生循环使用。

沸石吸附的传质过程与活性炭吸附类似，吸附质从液相转移到吸附剂孔隙相界面的吸附过程一般具有以下四个过程：液体主体的扩散过程、液膜扩散过程、微孔内扩散过程、微孔内表面吸附反应过程。通常微孔内表面吸附的反应速度非常快，因此，吸附速度主要是由液膜扩散过程和吸附剂微孔内扩散过程所控制。在吸附量比较少的吸附开始阶段，往往是液膜扩散起控制作用，而当吸附量增加时，则颗粒内扩散起主要作用。

沸石的吸附也存在物理吸附和化学吸附两种类型，在水处理中多以物理吸附为主或者表现为两种吸附的综合类型。沸石的吸附能力以吸附量 q_e 表示。

$$q_e = \frac{(c_0 - c_e)V}{m} \tag{1}$$

式中，c_0 为水中污染物原始浓度，mg/L；c_e 为水中污染物平衡浓度，mg/L；m 为沸石投加量，g；V 为废水量，L；q_e 为沸石吸附量，mg/g。

在一定温度条件下，沸石吸附量随吸附质平衡浓度的提高而增加，把吸附量随平衡浓度变化的函数关系用吸附等温式表示出来，所绘制成的曲线称为吸附等温线。常见的吸附等温线与活性炭相同［见实验四式（1）至式（5）］。

沸石吸附也会受多方面因素影响，包括吸附剂的性质（沸石的比表面积、细孔分布、表面化学性质以及沸石粉粒度大小等）、吸附质的性质（溶解度、表面张力、分子结构、极性、分子大小、浓度）、pH 值、温度、共存物质（如石油类、具有黏性的溶解性有机物等会堵塞孔隙，K^+、Na^+、Ca^{2+}、Mg^{2+} 等阳离子会妨碍氨氮、重金属离子向颗粒内扩散）。沸石为极性表面，因而易吸附亲水性和氨氮等极性物质。

由于沸石水处理过程中存在液膜扩散速度对吸附的影响，选择适当形式的吸附装置（间歇吸附或连续吸附工艺）和通水速度等对于水处理极为重要。

三、实验设备及材料

1. 实验用水：本实验采用间歇性吸附实验。实验用水可以是配制的，也可以采用实际生产用水。实验可基于学校实验条件、办学特色、所在城市水环境污染情况选择氨氮配水（采用纯水添加氯化铵配制）、氨氮微污染水源水、含镉等重金属生产废水、污水处理厂二沉池出水等。

2. 实验材料：120～200 目沸石粉、氯化铵以及分析相关项目（如重金属、氮等）所需试剂。

3. 实验设备：六联搅拌器或恒温振荡器 1 台；1000mL 烧杯或三角烧杯、1000mL 量筒、1mL 和 5mL 移液管、滤纸等若干；可见分光光度计、电导率仪；万分之一电子天平、温度计、秒表各 1 个。

四、实验步骤

学生每 3 人一组，任选其中一种实验用水进行实验。

（一）沸石氨氮配水吸附实验

1. 测定实验配水的水温、配水氨氮浓度（以 1～2mg/L 为宜）、电导率以及 pH 值。

2. 绘制氨氮标准曲线。准备氨氮标准液，向 8 支 50mL 比色管分别加入浓度为 10mg/L 的氨氮标准使用液 0.00mL、0.50mL、1.00mL、2.00mL、4.00mL、6.00mL、8.00mL、10.00mL，加超纯水至标线。加入 1mL 酒石酸钾钠溶液，摇匀，再加入纳氏试剂 1.0mL，摇匀。放置 10min 后，在波长为 420nm 下，用 10mm 比色皿，以超纯水做参比，测量吸光度。记录原始数据于表 1 中，绘制标准曲线。

表 1　标准曲线实验数据

标准溶液投加量/mL	0.00	0.50	1.00	2.00	4.00	6.00	8.00	10.00
氨氮含量/(mg/L)								
吸光度								

3. 吸附平衡时间测定：实验前，将沸石粉置于烘箱中 105℃烘 2h，后在干燥皿中冷却至室温备用。实验时，在电子天平上称取 12 份 1000mg 干沸石，并分别置于 12 个烧杯中，同时取 1000mL 实验配水置于烧杯中，在六联搅拌机上以 120r/min 的转速进行搅拌。以 2.5min、5min、10min、15min、20min、30min、45min、60min 的搅拌时间进行搅拌，搅拌结束后取部分上清液在离心机以 3000r/min 的速度离心 5min，后用 0.45μm 滤膜过滤，取过滤后的水样在紫外分光光度计上测试分析，原始数据记于表 2 中。后在标准曲线上查出氨氮吸附后的出水浓度，数据记于表 2 中，并基于表 2 数据绘制沸石吸附平衡时间曲线。

表 2　氨氮吸附实验数据

沸石吸附时间/min	2.5	5.0	10.0	15.0	20.0	30.0	45.0	60.0
吸光度								
配水氨氮浓度/(mg/L)								
出水氨氮浓度/(mg/L)								

4. 配水沸石吸附等温线实验：先分别称取 200mg、400mg、600mg、800mg、1000mg、1200mg、1400mg、1600mg、1800mg、2000mg 干沸石粉于 10 个烧杯中，后取 1000mL 实验配水分别置于上述烧杯中，再在六联搅拌机上以 120r/min 的速度搅拌 20min。吸附反应结束后迅速通过离心机以 3000r/min 的速度离心 5min，取上层液经过滤膜过滤后进行分析，数据记录于表 3 中，结果采用 Langmuir 和 Freundlich 模型拟合，确定常数 K、n。

表 3　沸石吸附等温线实验结果

配水氨氮浓度/(mg/L)	出水氨氮浓度/(mg/L)	沸石投加量/(mg/L)	氨氮吸附量/(mg/g)	Lg$c(x)$	Lg$q(y)$	$1/c(x)$	$1/q(y)$
		200					
		400					
		600					
		800					
		1000					
		1200					
		1400					
		1800					
		2000					

（二）含氮微污染水源水（或二沉池出水）的沸石吸附实验

1. 测定微污染水源水（或二沉池出水）的水温、氨氮浓度、电导率以及 pH 值。

2. 绘制氨氮标准曲线方法同实验步骤（一）所述。

3. 沸石吸附等温线实验：先分别称取 200mg、400mg、600mg、800mg、1000mg、1200mg、1400mg、1600mg、1800mg、2000mg 干沸石粉于 10 个烧杯中，后取 1000mL 微污染水源水（或二沉池出水）分别置于上述烧杯中，再在六联搅拌机上以 120 r/min 的速度搅拌 20 min（如果测定了吸附平衡时间，则按吸附平衡时间进行搅拌）。吸附反应结束后取部分上清液通过离心机以 3000r/min 的速度离心 5min，取上层液经滤膜过滤后进行分析，并基于绘制的氨氮标准曲线求得原水氨氮浓度和沸石吸附后的出水浓度，数据记录于表 3 中，结果采用 Langmuir 和 Freundlich 模型拟合，确定沸石吸附容量和吸附常数 K、n。

4. 共存离子（或电介质）对沸石吸附的影响实验：先称取 400mg 干沸石分别置于 6 个 1000mL 烧杯中，同时称取 0mg、2mg、4mg、6mg、8mg、10mgNaCl 以及取 1000mL 微污染水源水（或二沉池出水）置于上述 6 个烧杯中，在六联搅拌机上以 120r/min 的速度搅拌 20min，吸附反应结束后测量每个水样的电导率，同时取部分上清液通过离心机以 3000r/min 的速度离心 5min，取上层液经过滤膜过滤后进行分析，数据记录于表 4 中，绘制电导率与沸石吸附量的关系曲线。

表 4　电导率对沸石吸附氨氮的影响

水样号	电导率/($\mu S/cm$)	原水氨氮浓度/(mg/L)	出水氨氮浓度/(mg/L)	氨氮吸附量/(mg/g)
1				
2				
3				
4				
5				
6				

五、数据整理

1. 绘制氨氮标准曲线。

2. 绘制沸石配水氨氮吸附平衡时间曲线。

3. 计算沸石吸附容量，绘制吸附等温线，确定常数 K、n 及吸附类型。

4. 绘制电导率与沸石吸附量的关系曲线，并结合沸石吸附等温线的相关数据进行共存离子影响的分析。

六、实验结果讨论

1. 沸石投加量对于氨氮吸附平衡浓度、吸附量有什么影响？如果改变进水水温、浓度、电导率（或共存物质浓度），会对实验结果带来哪些影响？

2. 沸石氨氮吸附受哪些因素影响较大，如果进水含油和盐类，会对实验结果带来哪些影响？

3. 静态吸附和动态吸附有何特点？动态吸附实验应如何操作？

4. 沸石能否吸附污（废）水中的有机物，为什么？

5. 如果实验实际用水以及吸附后出水的吸光度不在标准曲线的范围内，水样的分析该如何处理？

七、注意事项

1. 由于沸石的吸附容量较小，实验用水（含配水、微污染水源水、二沉池出水或其他生产废水）氨氮浓度不宜太高。

2. 为避免因沸石粉浓度不同对过滤时间的影响（或避免吸附时间出现误差），确保实验结果的可靠性，吸附时间结束后须尽快取上清液离心分离和过滤。

实验六　Fenton 试剂化学氧化有机废水实验

对于有毒有害有机污染物，一般难以用生物法处理，但可以利用其在化学反应过程中能被氧化的性质，进行各种化学反应，如光化学反应、光化学催化氧化、湿式氧化等，改变污染物的形态，降低甚至消除其毒害性，从而达到处理的目的。

化学氧化是去除废水中有机污染物的有效方法之一。废水处理中常用的氧化剂有空气、臭氧（O_3）、次氯酸（HOCl）、氯气（Cl_2）和过氧化氢（H_2O_2）。这些氧化剂可在不同的情况下用于各种废水的氧化处理。

H_2O_2 是一种强氧化剂，其氧化还原电位与 pH 值有关：当 pH＝0 时，Eh＝1.80V；当 pH＝14 时，Eh＝0.87V，因此它被很好地应用于多种有机或无机污染物的处理。过氧化氢常被用于去除工业废水中的 COD 及 BOD，虽然使用化学氧化法处理废水中 COD 和 BOD 的价格要比普通的物理和生物方法要高，但这种方法具有其他处理方法不可替代的作用，比如有毒有害或不可生物降解废水的预消化、高浓度、低流量废水的预处理等。

本实验采用过氧化氢与催化剂亚铁盐构成的氧化体系（通常称为 Fenton 试剂）处理难生物降解的有机废水，帮助学生了解化学催化氧化的基本原理、主要影响因素、适用范围、工艺技术参数等。

一、实验目的

1. 加深了解 Fenton 试剂氧化处理有机废水的基本原理和方法。
2. 初步掌握 Fenton 试剂氧化法处理有机废水的影响因素和实验条件。
3. 掌握重铬酸钾快速法测定水中 COD。

二、实验原理

Fenton 试剂是亚铁离子和过氧化氢的组合，其原理是利用亚铁离子作为过氧化氢的催化剂，使之在反应过程中产生羟基自由基·OH，以氧化各种有机物，尤其是染料、表面活性剂、水溶性高分子（如聚乙二醇、聚乙烯醇）、含烷基苯磺酸盐等难降解有机物。Fenton 法作为一种高级化学氧化方法，能有效去除 COD、色度和泡沫等，但其氧化反应一般需要把 pH 值控制在 3～5 的条件下。

Fenton 试剂及其改进工艺在废水处理中的应用可分为单独使用和与其他方法联用两类，后者包括与光催化、活性炭等联用。Fenton 试剂辅以紫外光或可见光辐射，能极大地提高传统 Fenton 法的氧化反应效率，从而明显降低废水处理成本。

H_2O_2 在 UV 光照条件下产生羟基自由基·OH：

$$H_2O_2 + h\nu \longrightarrow 2 \cdot OH \tag{1}$$

Fe^{2+} 在 UV 光照条件下部分转化成 Fe^{3+}，Fe^{3+} 在 pH 值为 3～5 的介质中可以水解生成羟基化的 $Fe(OH)^{2+}$，$Fe(OH)^{2+}$ 在 UV 作用下又可转化成 Fe^{2+}，同时产生·OH：

$$Fe(OH)^{2+} \longrightarrow Fe^{2+} + \cdot OH \tag{2}$$

正是上述反应的存在，使得过氧化氢的分解速度远大于亚铁离子或 UV 催化过氧化氢的速度。与此同时，Fenton 试剂在 UV 照射作用下，也产生羟基自由基：

$$Fe^{2+}+H_2O_2 \longrightarrow Fe^{3+}+OH^-+ \cdot OH \tag{3}$$

$$Fe^{3+}+H_2O_2 \longrightarrow Fe^{2+}+HO_2 \cdot +H^+ \tag{4}$$

在 Fe^{2+} 的催化作用下，H_2O_2 能产生两种活泼的羟基自由基，从而引发和传播自由基链反应，加快有机物和还原剂物质的氧化。

以 Fe^{2+} 为催化剂的反应十分复杂，链反应过程的平衡关系可表示如下：

$$K=\frac{[Fe^{3+}][OH^-][\cdot OH]}{[Fe^{2+}][H_2O_2]} \tag{5}$$

式中，K 为反应平衡常数。

从上式可以看出，$[\cdot OH]$ 与 $[Fe^{2+}][H_2O_2]$ 成正比，与 $[OH^-]$ 成反比，因此用 Fenton 试剂法处理不同废水时，要选择 pH 值、$[Fe^{2+}]$、$[H_2O_2]$ 的最佳条件实验。

Fenton 试剂在废水处理中会受下列多重因素影响。

① 有机物的浓度。由于 UV/Fenton 法为光催化氧化，污水中有机物的浓度影响光照或系统的透光性，从而对反应带来影响。因而，污水处理系统需要控制有机物的浓度及其腐败的程度，使污水具有良好的透光性。为避免紫外光照射对人体的影响，本实验可不采用紫外光照射，有机物浓度及其腐败程度的影响较为有限。

② Fe^{2+} 浓度。Fe^{2+} 浓度过高会消耗过多过氧化氢，不利于羟基自由基的生成，从而降低氧化反应速率；反之，Fe^{2+} 浓度过低，又不利于过氧化氢催化分解成羟基自由基，也会使氧化反应的速率降低。只有维持适量的 Fe^{2+} 浓度，才能保持氧化反应的快速进行。

③ H_2O_2 浓度。在维持其他条件不变的前提下，增加 H_2O_2 浓度或投加量，可以使反应在较高速率下进行，同时有机物的去除率也较高。但要使有机物完全分解，H_2O_2 与有机物的质量之比远大于 1，从经济上考虑是不可行的。因此，UV/Fenton 法更多地是作为一种预处理方法，将难生物降解物质转化为可生物降解物质，为后续生物处理创造环境。

④ pH 值。在 UV/Fenton 系统中，pH 值的适宜范围为 3～5，因此，废水处理前需要调节 pH 值。

⑤ 反应时间。完成 Fenton 反应的时间取决于废水水质、H_2O_2 浓度等，一般情况下，完成 Fenton 反应的时间需 30～60min。对于水质浓度高、成分复杂的废水，反应时间可能需要数小时。

三、实验设备及材料

1. 实验用水：工业企业生产废水（如染料废水、含烷基苯磺酸盐、畜禽养殖废水等各种有机废水）或实验室配水（如甲氧基苯胺、染料或普通牛奶等）。

2. 实验材料：30%的过氧化氢、$FeSO_4 \cdot 7H_2O$、高锰酸钾、硫酸、过氧化钠、甲氧基苯胺（CP级）、基准或优级纯重铬酸钾、邻菲啰啉、硫酸亚铁铵、硫酸银。

为便于实验顺利进行，实验前提前做好相关试剂的配制工作。

① 1mol/L 硫酸亚铁溶液：现场配置，称取 $1.39gFeSO_4 \cdot 7H_2O$ 溶于 5mL 水中。

② 0.1mol/L 高锰酸钾溶液：称取 1.58g 高锰酸钾溶于 100mL 水中，置于棕色滴瓶内。

③ 0.25mol/L 重铬酸钾标准溶液：称取预先在 120℃下烘干 2h 的基准或优级纯重铬酸钾 12.258g，溶于蒸馏水中，移入 1000mL 容量瓶，稀释至标线，摇匀。

④ 试亚铁灵指示剂：称取 1.485g 邻菲啰啉和 0.695g 硫酸亚铁溶于蒸馏水中，稀释至 100mL，储于棕色瓶中。

⑤ 0.1mol/L 硫酸亚铁铵溶液：称取 39.5g 硫酸亚铁铵溶于含有 20mL 浓硫酸而冷却的

蒸馏水中，移入 1000mL 容量瓶，加蒸馏水稀释至标线，摇匀。临用前用重铬酸钾标准液标定。

⑥ 硫酸-硫酸银溶液：于 2500mL 浓硫酸中加入 25g 硫酸银，放置 1～2d，不时摇动，使其溶解。

⑦ 重铬酸钾使用液：在 1000mL 烧杯中加约 600mL 蒸馏水，慢慢加入 100mL 浓硫酸和 26.7g 硫酸汞溶液后，再加 80mL 浓硫酸和 9.5g 重铬酸钾，最后加蒸馏水使总体积为 1000mL。

3. 实验设备：可加热电磁搅拌器、万分之一电子天平、pH 计、酸式滴定器、1L 和 250mL 烧杯、250mL 量筒、20mL 吸液管、1000mL 容量瓶等若干。

四、实验步骤及记录

学生每 3 人一组，任选其中一种实验用水进行实验。

1. 甲氧基苯胺配水

① 称取 0.12g 对甲氧基苯胺于 1000mL 烧杯中，加水至 1000mL，搅拌溶解，取 20.0mL 该溶液测定 COD。剩余溶液分 5 份于 250mL 烧杯中，以 0.5mol/L 的硫酸或 1mol/L 的氢氧化钠调节 pH 分别至 2、3、4、5、6。

② 置烧杯于电磁搅拌器上，在约 25℃下搅拌，分别加入新配制的硫酸亚铁溶液 0.5mL 和过氧化氢 1.7mL，搅拌 1h 后，边搅拌边滴加高锰酸钾溶液，至浅棕红色不褪为止，放置 20min 后，再调节 pH 至 7，过滤，测定滤液的 COD。

2. 实际工业废水（各学校可依据当地实际条件选择实验用水）

① 取实验废水 20mL 测定 COD。

② 其他实验步骤同前。或者使 pH 值为 4，改变过氧化氢投加量（1.2mL、1.4mL、1.6mL、1.8mL、2.0mL），研究过氧化氢投加量对有机物去除效果的影响。

3. 实验进出水的水质测定（COD 快速法）

(1) 标定硫酸亚铁铵

$$c[(NH_4)_2Fe(SO_4)_2] = \frac{0.2500 \times 10.00}{V} \quad (6)$$

式中，c 为硫酸亚铁铵标准溶液的浓度，mol/L；V 为硫酸亚铁铵标准溶液的用量，mL。

(2) 样品测定 取水样 20.0mL，加重铬酸钾使用液 15.0mL 和硫酸-硫酸银溶液 40.0mL，再加 2～3 滴试亚铁灵指示剂，以 0.1mol/L 的硫酸亚铁铵滴定至棕褐色不褪色为止。实验结果记录于表 1 中。

表 1 实验数据记录表

水样编号	滴定始读数/mL	滴定终读数/mL	V_2（硫酸亚铁铵标准液用量）/mL	COD/(mg/L)
1				
2				
3				
4				
5				
6				

五、实验结果整理

1. 计算水样的 COD

$$COD = \frac{c(V_1 - V_2) \times 8000}{V_0} \tag{7}$$

式中，c 为硫酸亚铁铵标准溶液的浓度，mol/L；V_1 为滴定空白时硫酸亚铁铵标准溶液用量，mL；V_2 为滴定水样时硫酸亚铁铵标准溶液用量，mL；V_0 为水样的体积，mL；8000 为 $1/4O_2$ 的摩尔质量以 mg/L 为单位的换算值。

2. 计算废水的 COD 去除率。

3. 绘制 pH-COD 去除率的关系曲线或过氧化氢投加量-COD 去除率的关系曲线。

六 实验结果讨论

1. Fenton 试剂化学氧化法处理工业废水的适宜条件是什么？能否用于城市污水处理，为什么？

2. Fenton 试剂化学氧化法的影响因素有哪些？需要如何设计实验才能确定其主要影响因素。

实验七　曝气充氧实验

曝气是污水生物处理的一个重要环节，是人为地在水中加强氧的传质，以提高供氧能力，改善活性污泥的好氧环境，增强活性污泥生物降解能力的手段之一。

曝气的作用是使空气、活性污泥和污水三者充分混合、有效传质，并使活性污泥处于悬浮状态，促使氧气从气相转移到液相，再从液相转移到活性污泥上，保证微生物有足够的氧进行新陈代谢。由于氧的供给是保证污水好氧生物处理过程正常进行的主要因素，因此，工程设计人员和操作管理人员需要通过实验测定氧的转移情况，以评价曝气设备的供氧能力和动力效率，降低或节省运行费用，实现污水处理工艺及其设施的稳定和持续运行。

通过曝气充氧实验，了解曝气设备的种类及其效能、曝气传质机理及主要因素、曝气量计算，为污水生物处理工程设计科学合理地选择曝气设备、进行构筑物选型及设计计算打下良好的基础。

一、实验目的

1. 加深理解氧的传质过程、传质机理及其影响因素。
2. 掌握曝气设备清水充氧性能测定方法。
3. 掌握氧的总转移系数、充氧能力、动力效率、氧利用率等基本参数的计算。

二、实验原理

曝气按供气方式分为机械曝气、鼓风曝气以及鼓风-机械联合曝气。

曝气将空气中的氧穿过气液相界面传递到液相中是个传质过程，其传递机理符合双膜理论（图 1）。氧传递基本方程式为：

$$-\frac{\mathrm{d}c}{\mathrm{d}t}=\frac{D_{\mathrm{L}}A}{\delta_{\mathrm{L}}V}(c_{\mathrm{s}}-c) \tag{1}$$

令

$$K_{\mathrm{La}}=K_{\mathrm{L}}\frac{A}{V}=\frac{D_{\mathrm{L}}A}{\delta_{\mathrm{L}}V}$$

则带入式(1) 得：

$$-\frac{\mathrm{d}c}{\mathrm{d}t}=K_{\mathrm{La}}(c_{\mathrm{s}}-c) \tag{2}$$

式中，$-\dfrac{\mathrm{d}c}{\mathrm{d}t}$ 为液相中溶解氧浓度变化速率，mg/（L·min）；c_{s} 为液膜处溶解氧浓度，mg/L；c 为液相主体中溶解氧浓度，mg/L；K_{L} 为液膜中氧的传质系数，m/h；K_{La} 为氧总转移系数，h^{-1}；D_{L} 为液膜中氧分子的扩散系数，m^2/h；δ_{L} 为液膜厚度，m；A 为气液两相接触面积，m^2；V 为液体体积，m^3。

将式(1) 积分整理后得曝气设备氧总转移系数 K_{La} 为：

$$K_{\mathrm{La}}=\frac{2.303}{t-t_0}\lg\frac{c_{\mathrm{s}}-c_0}{c_{\mathrm{s}}-c_t} \tag{3}$$

式中，t_0，t 为曝气时间，min；c_0 为曝气开始时池内溶解氧浓度，mg/L；c_{s} 为实验条

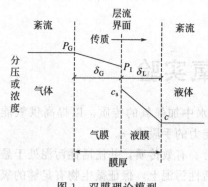

图 1　双膜理论模型

件下的水样饱和 DO 值，mg/L；c_t 为相应某一时刻的 DO 值，mg/L。

影响氧传递速率 K_{La} 的因素，除了曝气设备本身结构尺寸、运行条件以外，还与水质、水温等有关。为了便于互相比较，并向设计、使用部门提供产品性能，曝气设备说明书给出的充氧性能均为清水（一般多为自来水）在一个大气压、20℃ 下的充氧性能；常用指标有氧的总转移系数 K_{La}、充氧能力 Q_s。

曝气设备清水充氧性能实验主要有两种方法：一种是间歇非稳态法，曝气池池水不进不出，池内溶解氧浓度随时间而变；另一种是连续稳态测定法，曝气池内连续进出水，池内溶解氧浓度保持恒定。国内外多用间歇非稳态测定法，向池内注满水，以无水亚硫酸钠为脱氧剂，氯化钴为催化剂，进行脱氧，脱氧至零后开始向水中曝气。曝气后每隔一定时间测定水中溶解氧浓度，计算 K_{La} 值，或以亏氧值（$c_s - c_t$）为纵坐标，在半对数坐标纸上绘图，求直线斜率，即 K_{La} 值。

三、实验设备及药剂

1. 实验用水：自来水若干。
2. 实验材料：无水亚硫酸钠、氯化钴若干。
3. 实验设备：曝气充氧装置（图 2），便携式溶解氧仪、万分之一天平、秒表各一台

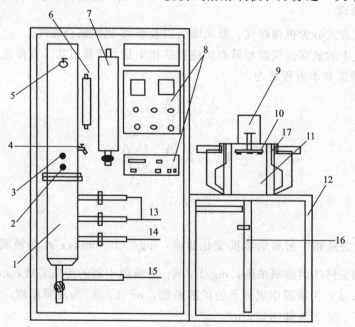

图 2　曝气充氧装置

1—鼓风曝气池；2—溶解氧仪探头；3—测试仪探头；4—取样口；5—溢流阀；
6—空气流量计；7—液体流量计；8—控制屏；9—机械曝气设备电机；10—搅拌叶轮；
11—机械表面曝气池；12—支撑架；13—鼓风曝气池排水管；14—鼓风曝气多孔进气管；
15—鼓风曝气单孔进气管；16—机械表面曝气池排水管；17—机械表面曝气池出水口

（个），烧杯、玻璃棒若干。

本实验充氧曝气方式含机械曝气和鼓风曝气两种，可进行单孔曝气、多孔曝气、叶轮曝气。其充氧装置主要由穿孔曝气筒、平板叶轮曝气池、空压机、测温仪、水泵、水箱、流量计等组成。实验通过气液阀门对流量进行调节，并在控制屏上直接显示实验的气液流量及温度。实验用水通过水泵从水箱中抽出，经流量计后由配水管道及阀门将水配送到穿孔曝气筒或叶轮曝气池中，水与药剂混合采用水力搅拌。曝气充氧实验工艺流程见图3。

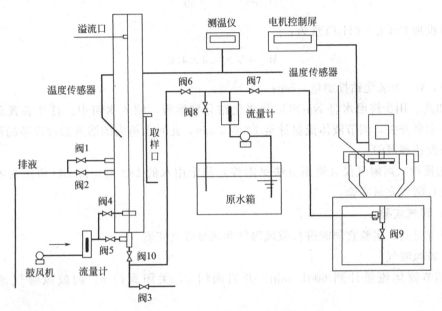

图3　曝气充氧工艺流程图

四、实验步骤

（一）实验准备

1. 检查实验装置的各阀门状态。参照图3，关闭鼓风曝气池阀门1、2、3（排水阀），以及阀门4、5（进气阀）、6（进水阀），同时关闭机械曝气池阀门7（进水阀）、阀门9（排水阀），开启阀门8（液体回流阀）、阀门10（鼓风曝气池进水阀）。

2. 配置实验用水。测定水箱容积，并向水箱中加入大约100L自来水，用充氧机充分曝气后用溶氧仪测出DO值（即饱和溶解氧浓度）。

3. 计算 Na_2SO_3、$CoCl_2$ 的加药量。

① Na_2SO_3 的投加量

$$2Na_2SO_3 + O_2 \xrightarrow{CoCl_2} 2Na_2SO_4$$

相对分子质量之比为

$$\frac{O_2}{2Na_2SO_3} = \frac{32}{2 \times 126} \approx \frac{1}{8}$$

故 Na_2SO_3 理论用量为水中溶解氧量的8倍。由于水中含有部分杂质会消耗亚硫酸钠，故实际用量为理论用量的1.5倍，所以实验投加的 Na_2SO_3 量计算方法如下：

$$W_1 = 1.5 \times 8cV = 12cV$$

式中，W_1 为亚硫酸钠投加量，g；c 为实验水温下的饱和 DO 值，mg/L；V 为实验用水体积，L。

② 催化剂（钴盐）的投加量。经验证明，清水中有效钴离子浓度约为 0.4mg/L 为好，一般使用氯化钴（$CoCl_2 \cdot 6H_2O$）作为催化剂，其用量的计算方法如下：

$$\frac{CoCl_2 \cdot 6H_2O}{Co^{2+}} = \frac{238}{59} \approx 4.0$$

所以水样投加 $CoCl_2 \cdot 6H_2O$ 量为：

$$W_2 = V \times 0.4 \times 4.0$$

式中，W_2 为氯化钴投加量，mg；

4. 加药。用少许温水将 Na_2SO_3 和氯化钴分别溶解，倒入水箱中。打开装置总电源开关，按下水泵开关，调节液体流量计至 1000L/min，此时水箱内的溶液通过设备的回流系统进行水力搅拌和混匀。

5. 用便携式溶解氧仪（使用方法见附件）测定用水的 DO 值，待 DO 值降为零或接近零时再进行曝气充氧实验。

（二）曝气实验

为节省时间，实验宜同时进行鼓风曝气和机械曝气实验。

（1）鼓风曝气

① 调节液体流量计到 600L/min。开启阀门 6，关闭阀门 8，向鼓风曝气池加水至 20L 处。

② 打开阀门 8，关闭阀门 6，顺时针旋转水泵开关，关停水泵。

③ 开启鼓风机（空压机）开关，打开进气阀门 4 或阀门 5，调节气体流量计流量至 16L/min。

④ 定时记录溶解氧仪测得的 DO 值（在鼓风曝气开始时，由于氧的转移速度较快，宜 30s 记录一次；3min 后可调整为 1min 一次；当水中的溶解氧接近饱和时，还可适当增加记录时间间隔），直至水中 DO 值饱和。实验数据记录于表 1 中。

⑤ 顺时针旋转鼓风机（空压机）气阀，关闭进气阀门 4 或阀门 5。

（2）机械曝气

① 按下实验设备控制屏上的液泵开关，调节液体流量计到 600L/min，打开阀门 7，关闭阀门 8，此时机械曝气池开始进水（水面刚好淹没到曝气池出水口时为止）。

② 打开阀门 8→关闭阀门 7→关闭水泵开关，并将便携式溶解氧仪的探头置入机械曝气池水中。

③ 按下控制屏上的电机开关，调节电机转速及曝气时间（一般转速取 300～400r/min，曝气时间取 60min），此时叶轮开始搅拌，对清水进行曝气。

④ 每 1min 测得一次机械曝气池的 DO 值，当曝气 10min 后可适当延长记录 DO 值的时间间隔，直到曝气池内溶解氧达饱和为止。实验数据记录在表 2 中。

五、实验记录

1. 鼓风曝气

表1　实验数据记录表

实验水温_____℃　　　水箱体积_____m³　　　c_S_____mg/L　　　气体流量_____L/min

时间/min	c_t/(mg/L)	时间/min	c_t/(mg/L)	时间/min	c_t/(mg/L)

2.机械曝气

表2　实验数据记录表

实验水温_____℃　　　水箱体积_____m³　　　c_S_____mg/L　　　气体流量_____L/min

时间/min	c_t/(mg/L)	时间/min	c_t/(mg/L)	时间/min	c_t/(mg/L)

六、成果整理

1.氧传质影响因素的修正

污水中含有各种杂质，特别是某些表面活性物质，它们会在气液界面处集中，形成一层分子膜，增加了氧传递的阻力，影响了氧分子的扩散，使污水中氧总传质系数 K_L 值相应下降，并同时影响溶解氧的饱和值（实验时饱和溶解氧值可采用实测值消除表面活性物质以及盐类等影响），为此，实际污水处理过程中常采用一个小于1的系数进行修正。本实验采用清水代替污水，不需要修正。

水温对氧的转移影响较大，水温上升，水的黏度降低，液膜厚度减小，扩散系数提高，K_{La} 值增高；反之，则 K_{La} 值降低。K_{La} 随温度的变化符合下列关系式：

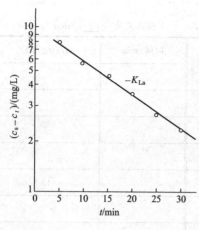

图 4　$(c_s - c) \sim t$ 的关系曲线

$$K_{La(T)} = K_{La(20)} \times 1.024^{(T-20)} \qquad (4)$$

式中，K_{La} 为水温为 $T℃$ 时的氧总传质系数，h^{-1}；$K_{La(20)}$ 为水温为 20℃时的氧总传质系数，h^{-1}；T 为实验水温，℃；1.024 为温度系数。

2. 氧总转移系数 K_{La} 计算

氧总转移系数 K_{La} 是指在单位传质推动力的作用下，在单位时间向单位曝气液体中所充入的氧量，即曝气池中溶解氧浓度从 c 提高到 c_s 所需要的时间，h^{-1}。因此 $1/K_{La}$ 是反映氧传递速率的一个重要指标。

K_{La} 的计算首先是根据实验记录，在半对数坐标纸上，以 $(c_s - c_t)$ 为纵坐标，以时间为横坐标绘图求 K_{La} 值后（图 4），也可利用式(3)求得 K_{La}（表 3）。

表 3　K_{La} 计算表

t/min	c_t/(mg/L)	$c_s - c_t$	$\dfrac{c_s - c_0}{c_s - c_t}$	$\lg \dfrac{c_s - c_0}{c_s - c_t}$	K_{La}
0					
5					
10					
15					
20					
25					
30					

3. 充氧能力 Q_S

充氧能力是指曝气设备在单位时间内向液体中充入的氧量，即在标准条件下，转移到一定体积脱氧清水中的总氧量（O_S，单位为 kg/h）：

$$O_S = K_{La(20)} c_{s(20)} V \qquad (5)$$

式中，$c_{s(20)}$ 为一个大气压、20℃时饱和氧值，9.17mg/L。

在实际条件下，同样的曝气系统设备能够转移到同样体积曝气池混合液的总氧量（O_2，单位为 kg/h）需要根据前述影响因素进行修正。

4. 动力效率（E_P）

动力效率（E_P），即每消耗 1kW·h 的能量能传递到水中的氧量，单位为 kgO$_2$/(kW·h)。动力效率将曝气供氧与所消耗的能量联系在一起，是一个具有经济价值的指标，它的高低将影响到污水处理厂的运行费用。

$$E = \frac{Q_S V}{N} \text{kgO}_2/(\text{kW·h}) \qquad (6)$$

式中，V 为被曝气液体的体积，m^3；N 为理论功率，即在不计管路、电机的能量损失条件下曝气充氧所消耗的功率，kW·h，计算式为 $\dfrac{Q_b H_b}{102 \times 3.6}$；$H_b$ 为风压，曝气设备上读取，MPa；Q_b 为风量，通过曝气设备上的流量计及曝气时间计算，m^3/h。

由于风压受温度、当地大气压强影响，一般需要进行如下修正：

$$Q_b = Q_{b0}\sqrt{\frac{P_{b0}T_b}{P_b T_{b0}}} \tag{7}$$

式中，Q_{b0} 为鼓风曝气的实际风量或仪表的刻度流量，m^3/h；P_{b0} 为标定时气体的绝对压力，0.1MPa；T_{b0} 为标定时气体的绝对温度，293K；P_b 为被测气体的实际绝对压力，MPa；T_b 为被测气体的实际绝对温度，$(273+t)$K。

5. 氧的利用效率（E_A）

氧的利用效率（E_A），即通过鼓风曝气系统转移到混合液中的氧量占总供氧量的百分比，单位为%。

$$E_A = \frac{Q_S W}{Q \times 0.28} \times 100\% \tag{8}$$

式中，Q 为标准状态下（1atm、293K）的曝气量，可通过式(7)计算标准状态下的曝气量；0.28 为标准状态下 $1m^3$ 空气中所含氧的质量。

对于鼓风曝气系统，曝气设备性能指标采用动力效率（E_P）和氧的利用效率（E_A）评定，对于机械曝气装置，曝气设备性能指标采用动力效率（E_P）和氧转移效率（E_L）评价。

七、注意事项

1. 溶解氧仪使用前应先检查探头内有无电解液，并预热 5min 以上；读取曝气池 DO 值时，溶解氧仪探头在水中至少要停留 20s。

2. 当采用本实验装置实验时，各阀门的开闭顺序必须正确，不得有误，以防液体倒流进入流量计。

八、思考题

1. 试述充氧曝气的原理及其影响因素？并简述好氧曝气在污水生物处理中的作用。

2. 氧总转移系数 K_{La} 的意义是什么？试述提高氧转移速率的途径。

3. 曝气设备类型有哪些，其性能指标如何评价？

实验八　活性污泥评价指标测定

活性污泥法是采用人工强制曝气，使活性污泥均匀分散地悬浮在曝气池中，并与污水、氧充分接触，从而降解、去除污水中有机污染物的方法。活性污泥系大量细菌、真菌以及原生动物和后生动物等多种微生物群体组成的特有生态系统，并以菌胶团的形式存在。活性污泥具有强烈的生物吸附和生物氧化能力，能以污水中的有机物为食料，进行代谢和繁殖，同时通过生物絮凝作用，进行泥水分离，实现污水的生物处理。因此，活性污泥的数量以及生物沉降性能成为评价活性污泥优劣的主要指标。

通过活性污泥法实验，观察、了解和认识活性污泥，熟悉活性污泥的相关指标，并对此进行分析评价，为水污染控制工程的基础知识学习、污水处理运行管理技能实训和工程设计奠定基础。

一、实验目的

1. 了解和认识活性污泥，观察活性污泥絮体絮凝、沉降及泥水分离，学会活性污泥的微生物镜检。

2. 通过实验了解活性污泥的评价指标，掌握 MLSS、MLVSS、SV、SVI 的测定和计算方法。

3. 根据活性污泥评价指标和指示生物观察，科学分析和合理评价污水生物处理工艺运行状况或效果。

二、实验原理

(1) 活性污泥镜下特征和微生物相观察　活性污泥从外观上看，似矾花状的絮体，其在静置时迅速絮凝沉降，泥水分离。

在显微镜下观察这些褐色的絮状污泥，可以见到菌胶团及其大量浮游生物、原生动物、后生动物、丝状菌等众多微生物。当活性污泥菌胶团呈现黄褐色，并在镜下大量出现钟虫时，说明活性污泥生物活性良好；反之，如果活性污泥菌胶团呈现黑色，丝状菌大量出现而少见钟虫，则说明活性污泥生物活性不良，出水水质会变差。因此，通过微生物镜检或者微生物显微镜下观察能够帮助我们了解污水处理的运行状况。微生物镜检是污水处理厂工艺运行最为常用的手段或方法之一。

(2) 活性污泥微生物量的指标　在活性污泥系统中，活性污泥微生物是污水生物处理系统的核心，具有一定数量的活性污泥微生物对提高污水处理水质是十分重要的。用来表征混合液活性污泥微生物量的指标有悬浮固体浓度（MLSS）和混合液挥发性悬浮固体浓度（MLVSS）。采用具有活性的微生物的浓度作为活性污泥浓度从理论上更加准确，但测定活性微生物的浓度非常困难，无法满足工程应用要求。而 MLSS 测定简便，工程上往往以它作为评价活性污泥量的指标，同时 MLVSS 代表混合液悬浮固体中有机物的含量，比 MLSS 更接近活性微生物的浓度，测定也较为方便，且对某一特定的污水处理系统，MLVSS/MLSS 的比值相对稳定，因此可用 MLVSS/MLSS 表征活性污泥微生物数量。

(3) 活性污泥沉降性能指标　性能良好的活性污泥，除了具有去除有机物的能力以外，还应有好的絮凝沉降性能。良好的絮凝沉降性能是污水处理系统泥水分离（或二沉池）出水水质达标的有效保证。表征活性污泥沉降性能的指标有污泥沉降比和污泥容积指数。

污泥沉降比是指曝气池混合液静止 30min 后沉淀污泥的体积分数。由于正常的活性污泥在静沉 30min 后可接近它的最大密度，故可反映污泥的沉降性能。污泥沉降比与所处理污水性质、污泥浓度、污泥絮体颗粒大小及污泥絮体性状等因素有关。正常情况下，曝气池混合液污泥浓度在 3000mg/L 左右时，其污泥沉降比在 30％左右。

污泥容积指数是指曝气池混合液沉淀 30min 后，每单位质量干泥形成的沉淀污泥的体积，常用单位为 mL/g。具体计算公式为：

$$SVI = \frac{SV(mL/L)}{MLSS(g/L)} \tag{1}$$

SVI 值是判断污泥沉降浓缩性能的一个重要参数，通常认为 SVI 值为 100～150 时，污泥沉降性能良好；SVI 值＞200 时，污泥沉降性能差；SVI 值过低时，污泥絮体细小紧密，含无机物较多，污泥活性差。

三、实验设备及材料

1. 实验用水：污水处理厂进水或高等院校排水管网的污水若干。

2. 实验材料：定量滤纸或滤膜。

3. 实验设备：曝气池（或 30～50L 的水桶及微型鼓风机）、溶解氧仪、显微镜、1000mL 烧杯、1000mL 量筒、马弗炉、烘箱、万分之一电子天平、称量瓶、瓷坩埚、漏斗、玻棒、镊子、载玻片、吸管、250mL 烧杯等若干。

四、实验步骤及记录

正在稳定运行的污水处理厂二沉池取活性污泥 200L，同时取污水 100～150L，并在实验前 4h 按 1∶2 的比例添加污水至活性污泥中，并持续曝气，供实验使用。

（一）活性污泥镜下特征和微生物相观察

1. 标本片制作。从曝气池取混合液约 200mL 于 250mL 烧杯中，沉淀 3～5min，弃去杯中上清液。用吸管取 1 滴活性污泥于载玻片上，盖上盖玻片，并用吸水纸或滤纸吸取多余水分。

2. 显微镜观察。置显微镜于固定桌上，接通电源；选择 5 倍(5×)或 10 倍(10×)目镜，旋转转换器，将低倍物镜（10×）移到正下方，和镜筒对直，并转动反光镜向着光源，使显微镜视野亮度均匀；将制好的标本置于载物台下，将载玻片上需要观察的活性污泥置于镜下正中央，调节粗调节器向下旋转，观察物镜，当物镜尖端距载玻片约 0.5cm 时停止旋转；向下或向上调节细调节器，至活性污泥及其微生物清晰为止。观察菌胶团以及原生动物、后生动物、丝状菌等微生物的形态、特征及大小、数量。

（二）污泥沉降比的测定

1. 将 100mL 量筒洗净烘干，采用虹吸法在曝气池中取混合均匀的泥水混合液 100mL（V），静置，并同时开始计时。

2. 观察活性污泥凝聚沉淀过程，并在第 1min、2min、3min、5min、10min、15min、20min、30min 分别记录污泥界面以下的污泥容积或量筒刻度，数据记于表 1 中。

3. 沉降 30min 后污泥体积 V_2（mL）与原混合液体积（100mL）之比即为污泥沉降比。

表 1 活性污泥沉降比数据记录表

静沉时间/min	1	2	3	5	10	15	20	30
污泥体积/mL								

（三）污泥浓度（MLSS）的测定

1. 将 $\Phi 12.5\text{cm}$ 的定量中速滤纸折好并放入已编号的称量瓶中，在 105℃ 的烘箱中干燥至恒重（烘 2h），取出称量瓶，放入干燥器中冷却 30min，在电子天平上称重，记下称量瓶编号和质量 W_1（g）。

2. 将已编号的瓷坩埚放入马弗炉中，在 600℃ 温度下灼烧 30min，取出瓷坩埚，放入干燥器中冷却 30min，在电子天平上称重，记下坩埚编号和质量 W_2（g）。

3. 从已知编号和称重的称量瓶中取出滤纸，放置到已插在 250mL 三角烧瓶上的玻璃漏斗中，取 100mL 曝气池混合液慢慢倒入漏斗过滤。

4. 将过滤后的污泥连滤纸放入原称量瓶中，在 105℃ 的烘箱中烘 2h，取出称量瓶，放入干燥器中冷却 30min，在电子天平上称重，记下称量瓶编号和质量 W_3（g）。

5. 取出称量瓶中已烘干的污泥和滤纸，放入已编号和称重的瓷坩埚中，在 600℃ 温度下灼烧 30min，取出瓷坩埚，放入干燥器中冷却 30min，在电子天平上称重，记下瓷坩埚编号和质量 W_4（g）。

实验数据记于表 2 中。

表 2 活性污泥性能参数测定实验原始记录

污泥质量/g				灰分质量/g				挥发分质量/g
编号	W_1	W_3	W_3-W_1	编号	W_2	W_4	W_4-W_2	$(W_3-W_1)-(W_4-W_2)$

五、数据整理和分析讨论

1. 数据计算

污泥沉降比（SV%）： $\text{SV}\% = \dfrac{V_2}{V} \times 100\%$

干污泥质量 $= W_3 - W_1$（g）

污泥浓度（MLSS）： $\text{MLSS} = \dfrac{W_3 - W_1}{V} \times 1000 \text{（g/L）}$

污泥指数（SVI）： $\text{SVI} = \dfrac{\text{SV}(\%)}{\text{MLSS}} \times 10 \text{（mL/g）}$

污泥灰分质量 $= W_4 - W_2$（g）

挥发性污泥浓度（MLVSS）： $\text{MLVSS} = \dfrac{(W_3 - W_1) - (W_4 - W_2)}{V} \times 1000 \text{（g/L）}$

2. 绘出 100mL 量筒中污泥体积随沉淀时间的变化曲线。

3. 结合显微镜镜下观察结果和数据整理资料，对活性污泥的活性进行评价。

六、思考题

1. 测污泥沉降比时，为什么要规定静止沉淀 30min？

2. MLSS/MLVSS 的比值能说明什么？

3. 对于城市污水处理，如果曝气池的活性污泥 SVI 大于 200 或小于 50，说明污水处理运行出现了什么问题，此时应采取什么对策或措施？

4. 正常运行的污水处理厂活性污泥中能够常见哪些微生物？哪些是出水水质良好的指示生物？

实验九　活性污泥法好氧生物处理生活污水实验

活性污泥法是采用人工强制曝气，使活性污泥均匀分散地悬浮在曝气池中，并与污水、氧充分接触，从而充分发挥活性污泥对有机物的吸附和降解代谢功能，去除污水中有机污染物的方法。目前，活性污泥法是城市生活污水以及有机废水处理最为基本的方法。

通过活性污泥法好氧生物处理生活污水实验，深入了解活性污泥法的基本原理和工艺流程，熟悉活性污泥法的工艺运行参数，为污水处理运行管理以及后续生物脱氮除磷等基本理论的学习奠定基础。

一、实验目的

1. 熟悉活性污泥法的基本流程，加深对污水好氧生物处理的理解。
2. 熟练掌握活性污泥法的基本原理及其工艺运行参数。
3. 掌握利用完全混合系统处理生活污水的实验方法。

二、实验原理

活性污泥法工艺流程见图1。污水和回流的活性污泥一起进入曝气池形成混合液，在曝气作用下，污水中的有机物、氧气与微生物充分进行传质，活性污泥进行一系列的分解代谢和同化代谢反应，将污水中的有机污染物逐步降解，随后混合液流入沉淀池进行固液分离。活性污泥具有良好的絮凝沉淀性能，在二沉池中能从混合液中有效分离而得到澄清的出水。沉淀的污泥大部分回流至曝气池，称为回流污泥。回流污泥的目的是使曝气池内保持一定的微生物浓度。排放至浓缩池的小部分污泥叫剩余污泥。通过排放生化反应增殖的

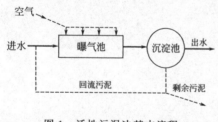

图1　活性污泥法基本流程

微生物可以维持活性污泥系统的稳定运行。由于剩余污泥中含有大量的微生物，排放环境前应进行有效处理和处置。

在曝气过程中，活性污泥对有机物的降解分吸附和代谢两个阶段。

在吸附阶段，由于活性污泥具有巨大的表面积，当污水与活性污泥接触时，污水中呈悬浮和胶体状态的有机物被活性污泥吸附。污泥的初期吸附一般在 15～45 min 完成。被吸附在微生物细胞表面的有机物，需要经过数小时的曝气后，才能逐步被代谢降解。活性污泥的初期吸附不仅显示了活性污泥的生物吸附特性，也反映了活性污泥在曝气池中的好氧再生效果。

在代谢阶段，有机物先是被好氧微生物氧化分解为中间产物，接着有些中间产物合成为细胞物质，另一些中间产物被氧化为无机的最终产物。在此过程中，微生物消耗水中的溶解氧，溶解氧的消耗就是通常所说的生化需氧量，它间接地度量了工艺运行过程中污水中被微生物利用了的有机物量。常用的技术指标有 BOD（或 COD）污泥负荷。BOD（或 COD）污泥负荷是指单位活性污泥在单位时间内将有机污染物降解到预定程度的数量，用公式表

示为：

$$N_S = \frac{QS_a}{XV} = \frac{F}{M} \qquad (1)$$

式中，Q 为污水量，m^3/d；S_a 为污水 BOD（或 COD）浓度，mg/L；V 为曝气池容积，m^3；X 为混合液悬浮固体浓度，mg/L。

污泥负荷反映了污水处理系统有机污染物量与活性污泥量的比值（F/M），是影响有机污染物降解、活性污泥增长的重要因素，因而成为活性污泥处理系统设计、运行的主要指标。采用较高的污泥负荷将加快有机污染物的降解与污泥增长的速度，减少曝气池的容积，降低城市污水处理厂建设投资，但其处理出水水质未必能达到相应的排放标准和接纳水体的环保要求。因此，污水处理工艺运行须选择适宜的污泥负荷。

三、实验设备及材料

1. 实验用水：污水处理厂进水或所在学校附近提升泵站污水。接种活性污泥直接取自于污水处理厂正在正常运行二沉池排放的活性污泥 20L 左右。

2. 实验材料：$FeSO_4 \cdot 7H_2O$、高锰酸钾、硫酸、基准或优级纯重铬酸钾、硫酸亚铁铵、硫酸银、定量滤纸或滤膜等与 COD、BOD、MLSS 以及 NH_4^+-N 和 TP 分析所需试剂、材料（如磷酸二氢钾、磷酸氢二钠、氯化铵、硫酸镁、氯化钙、氯化铁、浓盐酸、氢氧化钠、葡萄糖、谷氨酸等）。

3. 实验设备：曝气池（或 30～50L 的塑料桶、微型曝气机）、烘箱、离心机、培养箱；COD 测定仪器、pH 计、溶氧仪、万分之一电子天平、分光光度计等；溶解氧瓶（BOD 培养瓶）、称量瓶、镊子、漏斗、1000mL 和 100mL 量筒、1mL 和 5mL 移液管、烧杯、三角瓶、秒表等若干。

四、实验步骤

1. 实验前，将取回活性污泥曝气 1h 左右；为获取较为理想的实验结果，将取回污水沉淀，取上部、中部污水，撇去底部较大颗粒沉渣，后搅拌均匀，取水样分析 COD（有条件的分析 BOD）、pH 值、NH_4^+-N 和 TP。

2. 取活性污泥 15L，同时取等量污水（按污泥回流比 100% 计）于曝气池中，进行曝气（反应器为塑料桶的须开启微型曝气机进行曝气），曝气强度以保证活性污泥处于悬浮状态、曝气池混合液 DO 浓度处于 1.5～3.0mg/L 为宜，并在 5min、10min、15min、30min、60min 时各取混合液 100mL（由于实验时间有限，无需曝气数小时），迅速进行过滤（有离心机的最好先在离心机上离心分离 1min，后用滤纸或滤膜过滤清液），滤液分析 COD（有条件的分析 BOD）、NH_4^+-N、TP。

3. 在 60min 取混合液样时，同时取 100mL 混合液测定污泥浓度（MLSS）。

五、实验步骤及记录

COD 分析参照实验六的有关内容，NH_4^+—N 和 TP 分析参照实验三的有关内容，MLSS 测定参照实验八的有关内容，BOD 测定步骤如下。

（1）试剂的配制 磷酸盐缓冲溶液：将 8.58g 磷酸二氢钾（KH_2PO_4）、2.75g 磷酸氢二钾（K_2HPO_4）、33.4g 磷酸氢二钠（$Na_2HPO_4 \cdot 7H_2O$）和 1.7g 氯化铵（NH_4Cl）溶于水中，稀释至 1000mL，此溶液的 pH 值应为 7.2。

硫酸镁溶液：将 22.5g 硫酸镁（$MgSO_4 \cdot 7H_2O$）溶于水中，稀释至 1000mL。

氯化钙溶液：将 27.5g 无水氯化钙溶于水，稀释至 1000mL。

氯化铁溶液：将 0.25g 氯化铁（$FeCl_3 \cdot 6H_2O$）溶于水，稀释至 1000mL。

盐酸溶液（0.5mol/L）：将 40mL（$\rho = 1.18g/mL$）盐酸溶于水，稀释至 1000mL。

氢氧化钠溶液（0.5mol/L）：将 20g 氢氧化钠溶于水，稀释至 1000mL。

亚硫酸钠溶液（$1/2Na_2SO_3 = 0.025mol/L$）：将 1.575g 亚硫酸钠溶于水，稀释至 1000mL。此溶液不稳定，需使用前配制。

葡萄糖-谷氨酸标准溶液：将葡萄糖（$C_6H_{12}O_6$）和谷氨酸（$HOOC—CH_2—CH_2—CHNH_2—COOH$）在 103℃ 干燥 1h 后，各称取 150mg 溶于水中，稀释至 1000mL，混合均匀，此标准溶液临用前配制。

稀释水：在 5～20L 玻璃瓶内装入一定量的水，控制水温在 20℃ 左右，然后用无油空气压缩机或薄膜泵将此水曝气 2～8h，使水中的溶解氧接近于饱和，也可以鼓入适量纯氧。瓶口盖以两层经洗涤晾干的纱布，置于 20℃ 培养箱中放置数小时，使水中溶解氧含量达 8mg/L 左右。临用前于每升水中加入氯化钙溶液、氯化铁溶液、硫酸镁溶液、磷酸盐缓冲溶液各 1mL，并混合均匀。稀释水的 pH 值应为 7.2，其 BOD_5 应小于 0.2mg/L。

接种液：可选用以下任一方法获得适用的接种液。

① 城市污水，一般采用生活污水，在室温下放置一昼夜，取上层清液供用。

② 表层土壤浸出液，取 100g 花园土壤或植物生长土壤，加入 1L 水，混合并静置 10min，取上清溶液供用。

③ 用含城市污水的河水或湖水。

④ 污水处理厂的出水。

⑤ 当分析含有难于降解物质的废水时，在排污口下游 3～8km 处取水样做为废水的驯化接种液。如无此种水源，可取中和或经适当稀释后的废水进行连续曝气，每天加入少量该种废水，同时加入适量表层土壤或生活污水，使能适应该种废水的微生物大量繁殖。当水中出现大量絮状物，或检查其化学需氧量的降低值出现突变时，表明适用的微生物已进行繁殖，可用作接种液。一般驯化过程需要 3～8 天。

接种稀释水：取适量接种液加于稀释水中，混匀。每升稀释水中接种液加入量为：生活污水 1～10mL；表层土壤浸出液为 20～30mL；河水、湖水为 10～100mL。接种稀释水的 pH 值应为 7.2，BOD_5 值以在 0.3～1.0mg/L 之间为宜，接种稀释水配制后应立即使用。

（2）水样的预处理

① 水样的 pH 值若超出 6.5～7.5 范围时，可用盐酸或氢氧化钠稀溶液调节至近于 7，但用量不要超过水样体积的 0.5%。若水样的酸度或碱度很高，可改用高浓度的碱或酸液进行中和。

② 水样中含有铜、铅、锌、镉、铬、砷、氰以及难降解有机物等有毒物质时，可使用经驯化的微生物接种液的稀释水进行稀释，或提高稀释倍数，降低毒物的浓度。

③ 含有少量游离氯的水样，一般放置 1～2h，游离氯即可消失。对于游离氯在短时间不能消散的水样，可加入亚硫酸钠溶液，以除去之。其加入量的计算方法是：取中和好的水样 100mL，加入 1+1 乙酸 10mL，10%（m/V）碘化钾溶液 1mL，混匀。以淀粉溶液为指示剂，用亚硫酸钠标准溶液滴定游离碘。根据亚硫酸钠标准溶液消耗的体积及其浓度，计算水样中所需加亚硫酸钠溶液的量。

④ 从水温较低水域或富营养化湖泊采集的水样，会遇到含有过饱和溶解氧，此时应将

水样迅速升温至 20℃ 左右，充分振摇，以赶出过饱和的溶解氧。从水温较高水域废水排放口取得的水样，则应迅速使其冷却至 20℃ 左右，并充分振摇，使其与空气中的氧分压接近平衡。

（3）水样的测定

① 不经稀释水样的测定。溶解氧含量较高、有机物含量较少的地面水，可不经稀释，而直接以虹吸法将约 20℃ 的混匀水样转移至两个溶解氧瓶内，转移过程中应注意不使其产生气泡。以同样的操作使两个溶解氧瓶充满水样后溢出少许，加塞水封（确保不应有气泡）。立即测定其中一瓶溶解氧，将另一瓶放入培养箱中，在（20±1）℃ 培养 5d 后，测其溶解氧。

② 需经稀释水样的测定。根据实践经验，稀释倍数用下述方法计算：地表水由测得的高锰酸盐指数乘以适当的系数求得（表1）。工业废水可由重铬酸钾法测得的 COD 值确定，通常需作三个稀释比，即使用稀释水时，由 COD 值分别乘以系数 0.075、0.15、0.225，即获得三个稀释倍数；使用接种稀释水时，则分别乘以 0.075、0.15 和 0.25，获得三个稀释倍数。

表 1　不同高锰酸盐指数的稀释系数

高锰酸盐指数/(mg/L)	系数
<5	—
5～10	0.2、0.3
10～20	0.4、0.6
>20	0.5、0.7、1.0

如果能够预估 BOD_5 值，可参照表 2 进行水样稀释。

表 2　基于预估 BOD_5 值的稀释倍数

预估 BOD_5 值/(mg/L)	稀释倍数	适用水样
2～6	1～2 之间	河水
4～12	2	河水,生物净化过的污水
10～30	5	河水,生物净化过的污水
20～60	10	生物净化过的污水
40～120	20	澄清过的污水或轻度污染的工业废水
100～300	50	澄清过的污水或轻度污染的工业废水,原污水
200～600	100	澄清过的污水或轻度污染的工业废水,原污水
400～1200	200	严重污染的工业废水,原污水
1000～3000	500	严重污染的工业废水
2000～6000	100	严重污染的工业废水

稀释倍数确定后按下法之一测定水样。

一般稀释法：按照选定的稀释比例，用虹吸法沿筒壁先引入部分稀释水（或接种稀释水）于 1000mL 量筒中，加入需要量的均匀水样，再引入稀释水（或接种稀释水）至 800mL，用带胶板的玻璃棒小心上下搅匀。搅拌时勿使搅棒的胶板露出水面，防止产生气泡。

按不经稀释水样的测定步骤进行装瓶，测定当天溶解氧和培养 5d 后的溶解氧含量。

另取两个溶解氧瓶，用虹吸法装满稀释水（或接种稀释水）作为空白，分别测定 5d 前、后的溶解氧含量。

直接稀释法：直接稀释法是在溶解氧瓶内直接稀释。在已知两个容积相同（相差小于 1mL）的溶解氧瓶内，用虹吸法加入部分稀释水（或接种稀释水），再加入根据瓶容积和稀释比例计算出的水样量，然后引入稀释水（或接种稀释水）至刚好充满，加塞，勿留气泡于瓶内。其余操作与上述稀释法相同。

（4）BOD_5 计算

① 被测定的溶液满足以下条件，则可获得可靠的结果。培育 5d 后，剩余 DO 不小于 1mg/L、消耗 DO 不小于 2mg/L。如不能满足这一条件，一般应舍掉该组结果。

② 不经稀释直接培养的水样

$$BOD_5 = c_1 - c_2 \qquad (2)$$

式中，c_1 为水样在培养前的溶解氧浓度，mg/L；c_2 为水样经 5d 培养后的剩余溶解氧浓度，mg/L。

经稀释后培养的水样：

$$BOD_5 = \frac{(c_1 - c_2) - (B_1 - B_2)f_1}{f_2} \qquad (3)$$

式中，B_1 为稀释水（或接种稀释水）在培养前的溶解氧浓度，mg/L；B_2 为稀释水（或接种稀释水）在培养后的溶解氧浓度，mg/L；f_1 为稀释水（或接种稀释水）在培养液中所占比例；f_2 为水样在培养液中所占比例。

（5）实验注意事项

① 水中有机物的生物氧化过程分为碳化阶段和硝化阶段，测定一般水样的 BOD_5 时，硝化阶段不明显或根本不发生，但对于生物处理池的出水，因其中含有大量硝化细菌，因此，在测定 BOD_5 时也包括了部分含氮化合物的需氧量。对于这种水样，如只需测定有机物的需氧量，应加入硝化抑制剂，如丙烯基硫脲（ATU，$C_4H_8N_2S$）等。

② 在两个或三个稀释比的样品中，凡消耗溶解氧大于 2mg/L 和剩余溶解氧大于 1mg/L 都有效，计算结果时应取平均值。

③ 为检查稀释水和接种液的质量、化验人员的操作技术，可将 20mL 葡萄糖-谷氨酸标准溶液用接种稀释水稀释至 1000mL，测其 BOD_5，其结果应在 180～230mg/L 之间。否则，应检查接种液、稀释水或操作技术是否存在问题。

所得数据分别记录于表 3 中。

表 3 活性污泥吸附性能测定记录

吸附时间/min	0	5	10	15	30	60
COD_{Cr}/(mg/L)						
BOD_5/(mg/L)						
$NH_4^+ - N$/(mg/L)						
TP/(mg/L)						
pH 值						

六、数据整理

1. 以反应时间为横坐标，以水样 COD、BOD、$NH_4^+ - N$、TP 为纵坐标，绘制污染物浓度随反应时间的变化曲线。

2. 计算活性污泥法的污泥负荷。

七、实验结果讨论

1. COD、BOD、NH_4^+—N、TP 的变化规律如何，是否存在活性污泥的初期吸附？

2. 如何理解活性污泥法好氧曝气过程中的初期吸附和好氧代谢？

3. 传统活性污泥法的污泥负荷一般是多少，本实验的污泥负荷是否在适宜的范围内？实际污水处理工程中能否通过提高污泥负荷降低工程投资？

实验十　SBR 生物硝化反硝化实验

间歇式活性污泥法，简称 SBR 工艺，其工艺操作流程由进水、反应、沉淀、出水和闲置五个基本过程组成，能通过时间顺序上的控制实现同时脱氮除磷。如进水后进行一定时间的缺氧搅拌，好氧菌将利用进水中携带的有机物和溶解氧进行好氧分解，此时水中的溶解氧将迅速降低甚至达到零，厌氧发酵菌利用进水有机物厌氧发酵，同时反硝化菌进行脱氮，然后池体进入厌氧状态，聚磷菌释放磷，当混合液进行曝气后，硝化菌进行硝化反应，聚磷菌进行磷吸收。由于 SBR 能通过工艺控制达到生物脱氮除磷的效果，目前该工艺技术已成为污水处理最为常见的工艺技术之一。

通过 SBR 生物硝化反硝化实验，深入理解生物硝化、反硝化的基本原理和 SBR 工艺的操作流程及控制，了解 SBR 工艺的工艺技术参数及适用条件，为水污染控制工程设计和污水处理运行管理的学习奠定基础。

一、实验目的

1. 加深生物硝化、反硝化基本原理的理解。

2. 熟练掌握 SBR 工艺的基本操作流程及其工艺运行参数。

3. 了解 SBR 工艺生物硝化、反硝化的影响因素及适宜条件。

4. 学会上网收集水污染控制各有关指标的分析方法（国标），掌握有关分析试剂的配制以及基于相关步骤进行独立分析测试，培育学生自主学习、独立分析和协同配合共同解决实际问题的能力。

二、实验原理

1. 生物学原理

污水生物脱氮处理过程中氮的转化主要包括氨化、硝化和反硝化作用，其中氨化可在好氧或厌氧条件下进行，硝化作用在好氧条件下进行，反硝化作用在缺氧条件下进行。生物脱氮是含氮化合物经过氨化、硝化、反硝化后，转变为 N_2 而被去除的过程。

（1）氨化反应　微生物分解有机氮化合物产生氨的过程称为氨化反应，很多细菌、真菌和放线菌都能分解蛋白质及其含氮衍生物，其中分解能力强并释放出氨的微生物称为氨化微生物。在氨化微生物的作用下，有机氮化合物可以在好氧或厌氧条件下分解、转化为氨态氮，以氨基酸为例，加氧脱氨基反应式为：

$$RCHNH_2COOH + O_2 \longrightarrow RCOOH + CO_2 + NH_3 \tag{1}$$

水解脱氨基反应式为：

$$RCHNH_2COOH + H_2O \longrightarrow RCHOHCOOH + NH_3 \tag{2}$$

（2）硝化反应　在亚硝化菌和硝化菌的作用下，将氨态氮转化为亚硝酸盐（NO_2^-）和硝酸盐（NO_3^-）的过程称为硝化反应。具体反应式如下：

亚硝化反应：

$$2NH_4^+ + 3O_2 \longrightarrow 2NO_2^- + 4H^+ + 2H_2O \tag{3}$$

硝化反应：

$$2NO_2^- + O_2 \longrightarrow 2NO_3^- \tag{4}$$

总反应：

$$NH_4^+ + 2O_2 \longrightarrow NO_3^- + 2H^+ + H_2O \tag{5}$$

（3）反硝化反应　在缺氧条件下，NO_2^- 和 NO_3^- 在反硝化菌的作用下被还原为氮气的过程称为反硝化反应。目前公认的从硝酸盐还原为氮气的过程为：硝酸盐还原成亚硝酸盐，亚硝酸盐还原成一氧化氮，一氧化氮还原成一氧化二氮，一氧化二氮最终被还原成氮气。即：

$$NO_3^- \longrightarrow NO_2^- \longrightarrow NO \longrightarrow N_2O \longrightarrow N_2 \tag{6}$$

（4）同化作用　生物处理过程中，污水中的一部分氮（氨氮或有机氮）被同化成微生物细胞的组成成分，并以剩余活性污泥的形式得以从污水中去除的过程，称为同化作用。当进水氨氮浓度较低时，同化作用可能成为脱氮的主要途径。

$$NH_4^+ + HCO_3^- + 4CO_2 + H_2O \longrightarrow C_5H_7NO_2 + 5O_2 \tag{7}$$

2. SBR 工艺技术特征

SBR 工艺具有良好的工艺性能和灵活的操作方式，其通过引入厌氧-缺氧-好氧过程（图 1）或通过时间顺序和工艺上的控制，能够实现同时生物脱氮除磷功能，且构筑物简单，占地面积小，无二沉池和污泥回流设备，运行操作灵活，耐冲击负荷，在一般情况下（包括工业废水处理）无需设置调节池，出水水质稳定，但工艺不能连续运行，对水量变化的适应性弱，形成了 ICEAS、DAT-IAT、CASS 和 MSBR 等改良工艺，其中 MSBR 工艺已成为我国分散式污水处理厂和小城镇污水处理厂优选的工艺之一。

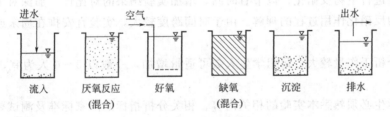

图 1　SBR 脱氮除磷工艺

3. 工艺技术参数及其影响因素

生命活动一般都受温度影响，在适宜的温度范围内，温度上升有利于生物硝化，反之在高寒地区或冬季气温极低区域不宜选择 SBR 工艺。

城镇污水的 pH 值通常在 7.0 左右，适于生物处理，略有波动影响不大，因而未见城镇污水处理厂因 pH 值波动而导致运行失败的报导。但当进水氨氮浓度较高时，因硝化作用的进行，碱度过度消耗和 pH 值迅速降低（低于 6.5 时），会对硝化菌和聚磷菌产生影响，处理效率下降。故处理高氨氮废水时，一般需投加碳酸氢钠、碳酸钠调节混合液的碱度。

硝化菌和聚磷菌要求好氧区有丰富的 DO，而在缺氧区和厌氧区无 DO。厌氧区如果存在 DO 或硝酸盐，则进入除磷系统的易降解 COD 很可能在被聚磷菌利用之前就被普通异养菌和反硝化菌利用了。同样，如果缺氧区 DO 较高，也会消耗反硝化菌所需要的易降解 COD。因而好氧区 DO 不宜过高，通常维持在 $2 \sim 3.0 mg/L$。

生物除磷工艺须通过大量排放含磷污泥实现生物除磷，因而希望在短泥龄（10d 以下）、短水力停留时间（小于 4h）和高污泥负荷 [0.3kgBOD$_5$/（d·kgMLSS）以上] 下运行；而生物脱氮过程又必须在长泥龄（15～30d）、低污泥负荷 [0.1kgBOD$_5$/（d·kgMLSS）、长水力停留时间（大于 4h）的系统中进行，故生物脱氮、生物除磷在污泥工艺运行上存在一定的矛盾。为此，工艺需要基于脱氮、除磷需要设计工艺运行参数。

生物脱氮除磷对 BOD_5/COD_{Cr}、BOD_5/TN 和 BOD_5/TP 的营养比例有较为严格的要求，一般情况下，BOD_5/COD_{Cr} 值越大，污水可生物处理性越好；当污水 BOD_5/TN 接近于 4，即可认为污水有足够的碳源供反硝化细菌进行反硝化；如果需要生物除磷，BOD_5/TP 要求在 17 以上。

三、实验设备及材料

1. 实验用水：污水处理厂进水或所在学校附近提升泵站污水、畜禽养殖废水或当地其他含氮废水。

2. 实验材料：酒石酸钾钠、碘化汞、碘化钾、氢氧化钠、硫酸、氯化铵、硫酸锌、硫代硫酸钠、苯酚、氨水、硝酸钾、硫酸银、EDTA 二钠盐、硫酸铝钾、高锰酸钾等（有关分析测试试剂基于各分析指标的相关国家标准，列出药剂清单，提前购置）。

3. 实验设备：SBR 反应器（或 30～50L 的塑料桶、微型曝气机）、离心机、培养箱、磁力搅拌器；COD 测定仪器、pH 计、溶氧仪、万分之一电子天平、分光光度计等；溶解氧瓶（BOD 培养瓶）、称量瓶、镊子、漏斗、1000mL 和 100mL 量筒、1mL 和 5mL 移液管、烧杯、三角瓶、秒表等若干。

四、实验步骤

本实验最好与实验九同时进行，先进行传统活性污泥法实验，后延时曝气数小时，进行生物硝化，再进行生物反硝化，以节省时间，增加实验结果的对比性，加深对生物碳化、生物硝化和生物反硝化作用过程的理解。由于时间跨度较大，实验宜安排在周末或没有上课的时间内进行。

本实验分析工作量较大，每组学生人数可适量增加，一般以 5～6 人为宜，并做好分工安排。

实验前学生必须熟悉本实验的相关内容、相关分析指标的国家标准及测试要求。

（一）生物硝化实验

1. 实验活性污泥必须取自具有脱氮功能的污水处理厂。实验前将活性污泥曝气 1h 左右；为获取较为理想的实验结果，将生活污水或工业废水沉淀，取上部、中部污水，撇去底部 MLSS 或沉渣，然后搅拌均匀，取水样分析 COD（有条件的分析 BOD）、pH 值、碱度、NH_4^+—N 和 TP。

2. 取活性污泥 15.5L，同时取等量污水（按污泥回流比 100% 计）于 SBR 池中，进行曝气（反应器为塑料桶的须开启微型风机进行曝气），曝气强度以保证活性污泥处于悬浮状态、曝气池混合液 DO 浓度处于 2.0～3.0mg/L 为宜，并在 1h、3h、5h、7h 时各取混合液 250mL，迅速进行过滤（有离心机的最好先在离心机上离心分离 2min，后用滤纸或滤膜过滤清液），滤液分析 COD（有条件的分析 BOD）、NH_4^+—N、NO_2^-—N、NO_3^-—N、TP、pH 值和碱度。

（二）生物反硝化实验

1. 生物硝化实验取样结束后，开启反应器下部阀门（如果没有阀门的，可以使用塑料软管虹吸），排放三分之一体积的混合液（即 10L），同时添加等量的污水（按 200% 的回流比回流混合液）并立即开启搅拌机进行搅拌。搅拌采用无级调速搅拌机，搅拌强度以活性污泥正好处于悬浮状态或泥水处于混合状态为宜，并要求水面不能出现漩涡，避免水面出现负压而大气复氧，发生硝化作用。

2. 在投加污水进行搅拌后的 5min、15min、30min、45min 取混合液 200mL，迅速进行过滤（有离心机的最好先在离心机上离心分离 2min，然后用滤纸或滤膜过滤清液），滤液分析 $NO_2^- —N$、$NO_3^- —N$、pH 值和碱度。

生物反硝化实验过程中，要注意观察水面是否出现细小气泡，结束实验取样和搅拌后，静置 30～60min，观察会不会出现大块污泥上浮。

（三）水样分析

COD 分析参照 GB/T 11914—1989 或实验六的有关内容，$NH_4^+ —N$ 分析参照 GB/T 7479—1987 或实验三的有关内容，TP 分析参照 GB/T 11893—1989 或实验三的有关内容，BOD 分析参照 GB/T 7488—1989 或实验九的有关内容，硝酸氮分析参照 GB/T 7480—1987 进行，亚硝酸氮分析参照 GB/T 7493—1987 进行，pH 值测定参照 GB/T 6920—1986 进行，碱度分析测定参照 GB/T 15451—95 进行。

实验数据分别记于表 1 和表 2 中。

表 1 SBR 生物硝化实验测定记录

曝气时间/h	0	1	3	5	7
COD_{Cr}					
BOD_5					
$NH_4^+ —N$					
$NO_2^- —N$					
$NO_3^- —N$					
TP					
pH 值					
碱度					

表 2 SBR 生物反硝化实验测定记录

反硝化时间/min	0	5	15	30	45
COD_{Cr}					
$NO_2^- —N$					
$NO_3^- —N$					
TP					
pH 值					
碱度					

五、数据整理

1. 以曝气时间为横坐标，以水样 COD（或 BOD）、$NH_4^+ —N$、$NO_2^- —N$、$NO_3^- —N$ 为纵坐标，绘制硝化反应速率随硝化时间的变化曲线。

2. 以缺氧时间为横坐标，以水样 $NO_2^- —N$、$NO_3^- —N$ 为纵坐标，绘制反硝化反应速率随硝化时间的变化曲线。

六、实验结果讨论

1. COD、BOD、$NH_4^+—N$、$NO_2^-—N$、$NO_3^-—N$ 在硝化、反硝化过程中随时间呈现什么样的变化规律？其过程中碱度呈现何种变化，为什么 pH 值的变化没有碱度变化强烈？

2. 在活性污泥法曝气过程中，有机物降解和氨氮硝化是否同时进行？结合实验数据分析说明 SBR 反应器好氧、缺氧过程中的生物作用过程及机理。

3. TP 在生物硝化（好氧）、生物反硝化（缺氧）过程中呈现何种变化，为什么？

4. 基于本实验有机物降解、氨氮硝化、生物反硝化的反应速度快慢、作用时间长短或负荷的高低，谈谈你对传统活性污泥法曝气池、生物硝化池、反硝化池的水力停留时间选取的看法。

七、实验结果讨论

1. 反硝化反应的速度较快，实验操作务必准备充分和准确。

2. 本实验分析指标或项目较多，需要的水样量较大（避免分析出错而重复取水样，故实验时每次取样量可适当加大）。

3. 硝化反应结束后，实际的混合液总量变化较大，反硝化时只保留 20L 混合液，排出多出的混合液，后投加 10L 污水，进行反硝化。

4. 如果实验采用的 SBR 反应器（或水桶）体积较小（如 5L 或更小），此时应同时启动 2 个反应器（实验条件、步骤及要求完全相同），其一用于实验，其二作备份。当每次从实验反应器中取出水样后，同时从另一个备份反应器中取等量的混合液对实验反应器进行补充。

实验十一　膜分离实验

膜是具有选择性分离功能的材料。

膜分离是以对组分具有选择性透过功能的膜为分离介质，通过在膜两侧施加（或存在）一种或多种推动力，使原料中的某组分选择性地优先透过膜，从而达到混合物的分离，并实现产物的提取或分离、浓缩、纯化等目的的一种新型分离过程。它与传统过滤的差异在于膜分离在分子范围内进行，并且这一过程只是一种物理过程，不发生相的变化。膜分离技术具有在常温、常压条件下进行，节省能耗、成本低廉、无环境污染等优点，在小型污（废）水处理装置的泥水分离、污（废）水深度处理等方面具有广泛的应用前景。

通过膜分离实验，了解膜的种类、膜分离的基本原理或作用机理、膜结构、膜组件及其性能、膜分离的工艺技术参数。

一、实验目的

1. 加深理解膜分离的基本原理，熟悉膜分离的基本流程，了解各种膜分离工艺的适宜对象或应用领域。

2. 了解膜的结构和影响膜分离效果的因素，包括膜材质、压力和膜通量等。

3. 了解膜分离的主要工艺参数，掌握膜组件性能的表征方法。

二、实验原理

(一) 膜的分类与膜过滤的基本原理

膜的孔径一般为微米级，依据其孔径（或截留分子量）的不同，可将膜分为微滤膜、超滤膜、纳滤膜和反渗透膜。滤膜的材质有有机和无机两大类，有机聚合物有醋酸纤维素、聚丙烯、聚碳酸酯、聚砜、聚酰胺等，无机膜材料有陶瓷和金属等。

微滤（MF）、超滤（UF）、纳滤（NF）与反渗透（RO）都是以压力差为推动力的膜分离过程，当膜两侧施加一定的压差时，可使一部分溶剂及小于膜孔径的组分透过膜，而微粒、大分子、盐等被膜截留下来，从而达到分离的目的。

微滤（MF）又称微孔过滤，其基本原理为筛孔分离。微滤膜的截留特性是以膜的孔径来表征，通常孔径范围在 $0.1\sim1\mu m$，故微滤膜能对大直径的菌体、悬浮固体等进行分离，在城市污水处理、废水处理前的预处理中得到广泛应用。

超滤（UF）是介于微滤和纳滤之间的一种膜过程，膜孔径在 $1nm\sim0.05\mu m$ 之间。超滤是一种能够将溶液进行净化、分离、浓缩的膜分离技术，超滤过程通常可以理解成与膜孔径大小相关的筛分过程。以膜两侧的压力差为驱动力，以超滤膜为过滤介质，在一定的压力下，当水流过膜表面时，只允许水及比膜孔径小的小分子物质通过，达到溶液净化、分离、浓缩的目的。超滤膜的截留特性是以对标准有机物的截留相对分子质量来表征，通常截留相对分子质量范围在 $1000\sim300000$，故超滤膜能对大分子有机物（如蛋白质、细菌）、胶体、悬浮固体等进行分离，广泛应用于料液的澄清、大分子有机物的分离纯化以及污水处理的泥水分离等。

　　纳滤（NF）是介于超滤与反渗透之间的一种膜分离技术，其截留相对分子质量在80～1000的范围内，孔径为纳米级，因此称纳滤。基于纳滤分离技术的优越特性，其在制药、生物化工、食品工业等诸多领域显示出广阔的应用前景。纳滤膜的截留特性是以对标准NaCl、MgSO₄、CaCl₂溶液的截留率来表征，通常截留率范围在60%～90%，相应截留相对分子质量范围在100～1000，故纳滤膜能将小分子有机物等与水、无机盐进行分离，实现脱盐与浓缩同时进行。

　　反渗透（RO）是利用反渗透膜只能透过溶剂（通常是水）而截留离子物质或小分子物质的选择透过性，以膜两侧静压为推动力而实现对液体混合物分离的膜过程。反渗透的截留对象是所有的离子，仅让水透过膜，对NaCl的截留率在98%以上，出水为无离子水。反渗透法能够去除可溶性的金属盐、有机物、细菌、胶体粒子，即能截留所有的离子，目前已广泛应用于医药、电子、化工、食品、海水淡化等诸多行业，在纯净水、水软化、去离子水、废水处理等方面应用广泛，常用于垃圾渗滤液的处理。

　　膜分离的推动力可以为压力差（也称跨膜压差）、浓度差、电位差、温度差等。膜分离过程有多种，不同的过程所采用的膜及施加的推动力不同。具体对比见表1。

表1　膜分离过程及其特征

分离过程	推动力	分离机理	分离范围	适应对象
微滤（MF）	压力差 0～1×10⁵ Pa	筛分	0.08～10 μm	适于较大粒径颗粒的去除,如污水处理厂泥水分离、TSS、微生物去除
超滤（UF）	压力差 0～1×10⁵ Pa	筛分	0.005～0.20 μm	适于去除较大粒径颗粒的去除,如大分子、胶体、大多数细菌、病毒
纳滤（NF）	压力差 0.5～2.0×10⁵ Pa	筛分-扩散	0.001～0.01 μm	适于去除小分子、盐类、硬度和病毒
反渗透（RO）	压力差 0～1×10⁷ Pa	筛分-扩散	0.0001～0.001 μm	适于海(盐)水脱盐、去离子水制造以及污水中非常小的分子、色度、硬度、硫酸盐、硝酸盐、钠及其他离子的去除

　　膜传质过程中，靠近膜表面的边界层处会存在浓度梯度或分压差，对于给定的主体流体浓度，边界层阻力的存在降低了膜分离的传质推动力，渗透物的通量也降低。由于传质阻力而引起边界层组分浓度的增加或降低的现象被称为浓差极化（以超滤为例图1）。浓差极化对膜分离过程会产生如下不利影响：

　　① 浓差极化使膜表面被截留的溶质浓度增高，引起渗透压的增大，从而减小传质推动力。

　　② 当膜表面溶质浓度达到其饱和浓度时，便会在膜表面形成沉积或凝胶层，增加透过阻力。

　　③ 膜表面沉积或凝胶层的形成会改变膜的分离特性。

　　④ 当有机溶质在膜表面达到一定浓度则有可能对膜发生溶胀或溶解，恶化膜的性能。

　　⑤ 严重的浓差极化导致结晶析出，阻塞流道，运行恶化。

　　为提高膜分离的使用效率，减轻浓差极化的常见方法有：改变流向、提高流速；改变流态，通过曝气增加湍流；水力脉冲；水力或机械搅拌；适当提高进水或进料温度。

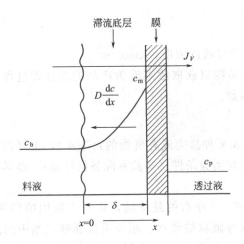

图1　膜过滤过程的浓差极化

图2　水处理膜装置

(二) 膜组件及其性能

膜装置由膜组件及水泵、流量计、压力机、阀门、管道组成。水处理膜装置见图2。

膜组件是按一定技术要求将膜和支撑物组装在一起的组合构件，可细分为管式膜、平板膜、卷式膜、中空纤维膜四类。各种膜组件的特性和应用范围见表2。

表2　各种膜组件的性能特点

膜组件	组件结构	填充密度/(m²/m³)	流动阻力	抗污染	膜清洗	预处理	设备费用	运行费用
管式	简单	20～300	小	很好	容易	不需要	中等	低
平板式	复杂	400～600	中等	好	易	需要	低	较低
螺旋卷式	复杂	800～1000	中等	中等	较易	需要	较高	较高
中空纤维膜	复杂	≈10⁴	大	差	不易	需要	较高	较高

膜组件的性能一般用截留率（R）、透过液通量（J）和溶质浓缩倍数（N）来表示，分别定义为：

$$R = \frac{c_0 - c_p}{c_0} \times 100\% \tag{1}$$

式中，c_0 为原料液的浓度，kmol/m³；c_p 为透过液的浓度，kmol/m³。

对于不同的溶质成分，在膜的正常工作压力和工作温度下，截留率不尽相同，因此这也是工业上选择膜组件的基本参数之一。

$$J[\text{L}/(\text{m}^2 \cdot \text{h})] = \frac{V_p}{St} \tag{2}$$

式中，V_p 为透过液的体积，L；S 为膜面积，m²；t 为分离时间，h。

其中，$Q = \dfrac{V_p}{t}$，即透过液的体积流量（或膜通量），可用于表征污水处理、水质净化、

海水淡化膜组件的工作能力。一般膜组件出厂均有纯水通量这个参数

$$N=\frac{c_R}{c_p} \tag{3}$$

式中，c_R 为浓缩液的浓度，$kmol/m^3$；c_p 为透过液的浓度，$kmol/m^3$。

该值比较了浓缩液和透过液的分离程度，在某些以获取浓缩液为产品的膜分离过程中（如大分子提纯、生物酶浓缩等）是重要的表征参数。

三、实验设备及材料

1. 实验用水：本实验用水可以是配制的（投加某种盐类或有机物的自来水），也可以采用实际生产用水（污水、海水等）。实验可基于学校实验条件（实验室配备何种膜）、办学特色、所在城市水环境情况选择一种或两种。

微滤可选用 120～180 目的双飞粉或黄泥配成 2% 左右的悬浮液，作为实验用的料液；或选择工业企业含 SS、色度的废水，如含锰、铁等微粒的废水。超滤可选择曝气池中的混合液或二沉池出水进行泥水分离。纳滤和反渗透可选择硫酸钠或氯化钠水溶液（0.5% 浓度）。

2. 实验材料：视实验采用的膜组件类型而定，微滤配水需双飞粉或黄泥；超滤需测定 MLSS 所需化学试剂；纳滤和反渗透需氯化钠或硫酸钠等。

3. 实验设备：膜过滤装置 1 台（图 2，含膜组件、蠕动泵、压力计、流量计或秒表和量筒、软管），不同膜分离过程实验可依据学校具体情况，安装不同的膜组件（如 MBR 反应器、SBR 反应器＋膜组件或水槽＋膜组件等）；20～35L 长方形水槽（或曝气池）、500mL 烧杯、1000mL 量筒等若干；电导率仪、浊度仪、比色管、紫外可见分光光度计、万分之一电子天平、温度计、秒表等分析、计量设备等。

四、实验步骤

学生每 3 人一组，根据实验教师安排，任选其中一种实验用水及其适宜的膜组件进行实验。

1. 基于实验用水，做各类水样的配水浓度-电导率值标准曲线，或配水浓度-浊度（色度、吸光度）标准曲线。

2. 放出膜组件中的保护液，用清水清洗 1～2 次后再用加热至 50℃ 的去离子水清洗膜组件及管路系统 1～2 次。同时，通电检测蠕动泵或水泵的运行情况，并对压力表、流量计进行检查。

3. 微滤实验取 0.5% 120～180 目的双飞粉或黄泥配水 30L，或选择工业企业含 SS、色度的废水 30L 入水槽（超滤实验可选择污水 20L、活性污泥 10L 的混合液入曝气池或二沉池出水 20L 入水槽；纳滤和反渗透实验则称取 15g NaCl 或硫酸钠，放入 500mL 烧杯内，用少量蒸馏水溶解后倒入水槽，加入 29.5L 蒸馏水混匀）。若为 MBR、SRB 生物反应器，则需将污水倒入反应器进行曝气 30min 以上，再进行膜过滤。

4. 开启蠕动泵（或水泵），观察压力表和流量计读数，调节蠕动泵转速或通过水泵回流阀和出口阀控制料液通入流量，从而保证膜组件在正常压力下工作，预过滤 5～10min，并在流量稳定时取样分析。

5. 调节初始膜后压力 0.02MPa，稳定后，测量渗透液的体积，做好记录。

每隔 5min 改变一次操作条件，依次增加膜后压力（0.04MPa、0.06MPa、0.08MPa、

0.10MPa），分别测量渗透液的体积或膜通量，做好记录。同时测定进水水槽溶液的电导率，或浊度、色度、吸光度、SS、MLSS等（依配水、废水水质类型而定）。

6. 实验结束，膜因处理物料受到一定污染，应进行清洗。基本方法是先以 1% HNO₃ 溶液循环清洗 15min，然后用去离子水（有时可用超滤水）清洗膜组件，再在水槽中配置消毒液（常用 1% 甲醛）打入膜组件中进行杀菌、封存，对膜进行保护。

电导率、色度、浊度、吸光度、SS 或 MLSS 测定见前述各实验指导书，膜通量通过收集每 5min 的膜过滤液测定所得。实验原始数据记录于表 3、表 4、表 5 中。

表 3　配水盐溶液标准曲线实验数据

氯化钠或硫酸钠溶液浓度/%	0.05	0.10	0.25	0.50	0.75	1.00	1.50
电导率							

表 4　双飞粉配水标准曲线实验数据

双飞粉溶液浓度/%	0.05	0.10	0.25	0.50	0.75	1.00	1.50
浊度(或吸光度)							

表 5　膜过滤实验数据

过滤时间/min	0	5	10	15	20	25	30
膜后压力/MPa							
膜通量/[L/(m²·h)]							
水槽溶液电导率							
水槽溶液浊(色)度							
水槽溶液吸光度							
水槽溶液浓度或 SS(MLSS)							
膜截留率							
溶质浓缩倍数							

五、数据整理

1. 绘制标准曲线，并基于标准曲线或 SS（MLSS）测定计算表 3 中的水槽溶液浓度。

2. 计算膜截留率（R）、透过液通量（J）和溶质浓缩倍数（N）。

3. 绘制过滤时间-膜通量、膜后压力-膜通量、电导率-膜通量或 SS（MLSS）-膜通量以及截留率-流量（R-Q）、透过液通量-流量（J-Q）、溶质浓缩倍数-流量（N-Q）的关系曲线。

六、实验结果讨论

1. 为什么随着分离时间的进行，膜的通量越来越低？

2. 什么是浓度极差？有什么危害？有哪些消除方法？

3. 试述微滤膜、超滤膜、纳滤膜和反渗透膜的膜过滤对象及适宜范围。

七、注意事项

1. 每个膜分离系统在开始实验前，均应用清水彻底清洗，方可进行实验。

2. 膜系统实验结束后，先用清水清洗管路，之后在保护液储槽中配置 0.5%～1% 浓度的甲醛溶液，经保护液泵逐个将保护液打入各膜组件中，使膜组件浸泡在保护液中。

3. 对于长期使用的膜组件，其吸附杂质较多，或者浓差极化明显，需对膜进行及时清洗。

实验十二　水污染控制工程综合实验

20世纪80年代末，世界各国纷纷站在未来时代要求的高度，对本国高等教育系统做出重大改革，并就21世纪青年具备的"关键能力"培养进行了积极探索。这种"关键能力"可以概括为：采用新技术获取和处理信息的能力、主动探究能力、分析和解决问题的能力、协作精神及责任感、终身学习的能力等，通过一种名为project-base learning 或 project learning（翻译为项目课程，我国称之为"研究性学习"）的课程模式营运或推广，进行专题研究、综合学习等。这种"研究性学习"秉承创新学习的理念和方法，在教学活动中以问题为载体，创设一种类似科学研究的情景和途径，让学生通过自己收集、分析和处理信息，设计实验或研究方案，独立进行调查研究或实验研究、数据分析、结果讨论，实际感受和体验理论学习、技术创新、知识技能训练等过程，进而了解社会、学会学习、善于学习，培养和提高分析问题、解决问题的能力和技术创新能力。研究性学习是一种实践性的教育教学活动，强调知识（横向或纵向、单一或多种学科）的联系和运用，重视研究的结果，但更注重学习的过程，注重学习过程中的感受。

环境问题已渗透到人类的方方面面，与人类的生活息息相关。"研究性学习"利于环境工程、环境科学及相关环境学科的学生主动了解国内外生态环境问题，探究学习水污染控制的理论和技术，提高学生的环境保护意识，培养学生主动学习和创新学习的兴趣。编写本实验旨在为研究性学习训练课题抛砖引玉，学生可以针对学校所在地区的主要环境问题选取实验指导书中的某一专题进行研究，或者分组共同完成各专题。

一、实验目的

通过开展所在城市水环境污染问题的系列调查，引导学生充分收集所在城市的社会经济发展、水环境现状、排水系统规划建设、水资源及水文资料，查阅相关科学研究和工程应用进展，综合利用所学知识科学设计所在城市水环境污染调查方案，充分利用学校现有分析测试手段和研究技术进行科学研究，从而计算城市干流和重要支流的水环境容量，弄清城市水污染的主要污染源和主要污染物，确定主要污染物的负荷削减，进而对重要污染源进行针对性实验研究和水污染控制工程设计，提交科学研究成果或工程设计报告，培养大学生的环保意识和协作精神，了解社会实际，创新学习，提高自己独立分析问题、解决问题的能力。

二、综合调查和实践研究内容

（一）所在城市或市区某一小流域的河流水质监测及环境评价

1. 了解水环境监测的水样采集、管理运输和保存的相关规范，选择合适的采样位置、采样时间和采样方法。

2. 了解所在城市水体的水文、气候、地质、地貌特征；水体沿岸城市分布和工业布局，污染源分布与排污情况，城市的给排水情况等；水体沿岸的资源现状，特别是植被破坏和水土流失情况；水资源的用途、饮用水源分布和重点水源保护区；收集原有河段设置断面的水质分析资料。

3. 设置河流和污染企业废水排放的监测采样断面和采样点位，制定采样计划，确定采样频次与采样量，做好采样器及盛水容器的准备，进行水样采集及相应记录，合理安排水样的运输和保存。

4. 合理选择水样分析测试方法，认真做好相关指标的标准曲线、水样分析测试及原始数据的记录，进行数据分析和整理。

5. 结合河流监测断面和主要污染源排放口的水质监测数据，计算河流或某一干流的水环境容量，确定城市或市区某一小流域的主要污染源和污染物，分析城市或小流域污染源的分布和时空排放规律；根据地表水环境质量标准和河流监测断面监测结果，进行地表水环境评价，分析污染成因，提出相应对策。

（二）所在城市或市区某一小流域的水环境污染调查

1. 走访本地城市规划建设、环境保护等相关部门，参观本地污水处理厂和工业废水处理站，收集调查本地社会经济发展、水环境现状、排水系统规划建设、水资源及水文等资料，了解本地社会经济发展、主要经济类型及产业发展、城市污水处理和工业废水处理、近年城市水环境污染等情况，掌握城市社会、经济、生态和环境的第一手资料。

2. 根据城市近年环境年鉴资料，对城市或城市某一流域重点污染行业、污染源、污染物进行调查，了解城市生活污水收集和处理情况（包括城市污水排放量、污水水质、排水系统分布、污水处理厂位置及规模、污水处理工艺技术及排放标准、污水处理厂主要工艺技术参数及运行管理情况、污水处理率和污水处理达标率、污泥处理处置情况、污水排放口位置、污水深度处理与资源化情况）；主要污染行业与企业的基本情况，包括行业和企业概况、主要企业名称、详细地址及规模、产品产量和质量、工业产值和利润、工艺技术和设备水平、原材料消耗及"三废"排放量、废水治理情况与排污口位置、工业废水处理率和处理达标率、主要污染源和污染物，弄清某一行业或企业对流域的水环境危害程度。同时，结合河流监测断面和主要污染源排放口水质监测资料，计算确定城市或城市某一流域的主要污染源和污染物，分析流域或区域污染源的分布和时空排放规律，划出所在城市或某一小流域污染源分布图，提出污染负荷削减的方案，并结合国内外污（废）水处理进展，对本地区污（废）水治理提出初步设想、建议。

（三）所在城市或某一小流域的水环境污染综合治理研究

1. 开展城市污水处理实验研究。根据所在城市的污水水质（基于 BOD：N：P 的比例）、水量大小，选择适宜的污水处理工艺，确定适宜的工艺技术参数（包括污泥负荷、水力停留时间、混合液回流比、污泥回流量、泥龄、MLSS 等），进行污水处理小试实验研究（包括小试实验规模、实验研究方案、实验研究工况及进度安排、分析测试指标及工作量、实验数据整理、讨论分析等），提交实验研究报告。

2. 进行主要污染行业、污染企业的工业废水处理实验研究。根据所在城市的主要工业行业、主要排污企业工业废水水质（基于来水水质的稳定性及 BOD：N：P 的比例）、水量大小，选择适宜的废水处理工艺（生物处理、物化处理或化学处理），确定适宜的工艺技术参数（包括生物处理的污泥负荷、水力停留时间、混合液回流比、污泥回流量、泥龄、MLSS 等；物化处理或化学处理的实验试剂选取、主要影响因素确定、药剂投加量、水动力学条件、反应时间、pH 值等），进行废水处理小试实验研究（包括小试实验规模、实验研究方案、实验研究工况及进度安排、分析测试指标及工作量、实验数据整理、讨论分析等），提交实验研究报告。

3. 城市生活污水处理厂工艺方案设计。结合城市发展和水污染治理情况（如城市新区建设、新建大中型小区建设、周边城镇污水处理厂建设、高等院校新校区污水处理站建设、娱乐餐饮业污水处理、改扩建城市污水处理厂建设等），进行集中式（大中型）、分散式（小型或微型）污水处理厂工程初步设计，选择适宜的工艺流程、工艺技术参数，进行工程初步计算，提出初步工艺设计方案。

4. 某工业废水处理站工艺方案设计。根据城市及工业园区的主要污染行业、主要污染企业和主要污染物的工业废水排放情况，进行废水处理站工程初步设计，选择适宜的工艺流程、工艺技术参数，进行工程初步计算，提出初步工艺设计方案。

三、人员组织及成果要求

（一）人员组织

本综合调查和实践研究可以以班为单位，分成若干小组，每组以 5～6 人为宜，各选定一项研究工作。

综合调查和实践研究前，每个小组必需根据各自的研究任务，制定可行的研究方案、行动计划和工作分工，并与实验指导教师进行协商，征求老师的意见。在获得老师的批准后，方可开展工作。

（二）研究成果

1. 结合所在社会经济发展与水环境保护现状、城市水环境污染现状及城市河段或某一小流域水质监测资料，对所在城市或小流域水环境进行环境评价，撰写有关城市或小流域水环境污染成因及对策、城市污水处理系统规划建设、水环境污染治理、水环境保护、污（废）水处理及资源化利用、工业污染防治等调查、研究报告或有关科普文章。

2. 针对城市污水、某一污染行业或企业的工业废水水质、水量及污染情况，设计小试实验研究方案（含工艺流程、工艺技术参数、实验进度安排、分析测试内容及工作量、人员安排、基本费用等），进行污（废）水处理实验研究，进行实验数据的分析、整理，提交实验研究报告，提出合理化的污染防治对策或合理化建议。

3. 基于文献资料收集或国内外科研、工程实践成果，针对所在城市污水、某一污染行业或企业的工业废水水质、水量及污染情况，对城市污水、重点污染行业废水或污染企业废水进行工程初步设计，为所在城市及相关行业、企业提出水污染治理的合理化建议。

4. 在所在学校或所在城市的公共场所举办水环境污染与水环境保护专题展览［包括水环境污染和水环境保护实景照片、现场监测资料、调研报告、实验研究成果、国内外污（废）水处理技术及成果、工程设计与合理化建议、科研小发明等］，对广大学生和城市居民进行环境保护宣传，提高所在城市的全民环境保护意识。

（三）成果基本要求

要求语句通顺、条理清楚、重点突出、书写规范、图文并茂，字数宜控制在 10000～25000 字以内。

参 考 文 献

[1] 成官文. 水污染控制工程. 北京：化学工业出版社，2009.

[2] 章非娟，徐竟成. 环境工程实验. 北京：高等教育出版社，2006.

[3] 中国标准出版社第二编辑室. 中国环境保护标准汇编（水质分析方法）. 北京：中国标准出版社，2001.